国家级优质高等职业院校项目建设成果

高 职 高 专 电 子 信 息 类 系 列 教 材

Java 程序设计教程

李纪云　张大鹏　孙　钢　主编

科学出版社

北　京

内 容 简 介

Java 语言是目前非常流行的面向对象编程语言。本书结合大量典型实例，详细介绍 Java 面向对象的编程思想、编程语法和设计模式。本书内容包括 Java 语言的基础知识、面向对象的编程思想、异常处理、多线程、集合类与反射基础、Java 与数据库的连接等。

本书语言流畅，实例丰富，实用性强，并配有大量的微课、习题等资源，既可作为高等职业院校计算机及相关专业和各类培训学校的教材，也可作为初学者自学 Java 知识的参考书。

图书在版编目（CIP）数据

Java 程序设计教程/李纪云，张大鹏，孙钢主编. —北京：科学出版社，2019.6

（国家级优质高等职业院校项目建设成果・高职高专电子信息类系列教材）

ISBN 978-7-03-060763-8

Ⅰ. ①J… Ⅱ. ①李… ②张… ③孙… Ⅲ. ①JAVA 语言-程序设计-高等职业教育-教材 Ⅳ. ①TP312.8

中国版本图书馆 CIP 数据核字（2019）第 043677 号

责任编辑：任锋娟 吴超莉 / 责任校对：陶丽荣

责任印制：吕春珉 / 封面设计：艺和天下

科学出版社 出版

北京东黄城根北街 16 号

邮政编码：100717

http://www.sciencep.com

新科印刷有限公司 印刷

科学出版社发行 各地新华书店经销

*

2019 年 6 月第 一 版 开本：787×1092 1/16

2020 年 8 月第二次印刷 印张：18 1/2

字数：438 000

定价：46.00 元

（如有印装质量问题，我社负责调换〈新科〉）

销售部电话 010-62136230 编辑部电话 010-62135397-2015

国家级优质高等职业院校项目建设成果系列教材编委会

序

经过两年多的努力，我院工学结合的立体化系列教材即将付梓。这是我院国家级优质高等职业院校建设的成果之一，也是我院专业建设和课程建设的重要组成部分。我院自入选国家级优质高等职业院校立项建设单位以来，坚持“质量立校、全面提升、追求卓越、跨越发展”的总体工作思路，以内涵建设为中心，强化专业建设和产教融合，深入推进教学质量提升工程、学生人文素养培育工程和创新创业教育引领工程三项工程，全面提升人才培养质量。在专业建设和课程改革的基础上，与行业企业、校内外专家共同组建专业团队，编写了涵盖我院智能制造、电子信息工程技术、汽车制造与服务、食品加工技术、计算机网络技术、音乐表演及物流管理等特色专业群的 25 门专业课程的立体化系列教材。

本批立体化系列教材适应我国高等职业技术教育教学的需要，立足区域经济社会的发展，突出高职教育实践技能训练和动手操作能力培养的特色，反映课程建设与相关专业发展的最新成果。该系列教材以专业知识为基础，配套案例分析、习题库、教案、课件、教学软件等多层次、立体化教学形式，内容紧密结合生产实际，突出信息化教学手段，注重科学性、适用性、先进性和技能性，能够为教师提供教学参考，为学生提供学习指导。

本批立体化系列教材的编者大部分为多年从事职业教育的专业教师和生产管理一线的技术骨干，具有丰富的教学和实践经验，其中既有享受国务院政府特殊津贴的专家、国家级教学名师、河南省教学名师、河南省学术技术带头人、河南省骨干教师、河南省教育厅学术技术带头人，又有行业企业专家及国家技能大赛的优胜者等。这些编者在理论方面有深厚的功底，熟悉教学方法和手段，能够把握教材的广度和深度，从而使教材能够更好地适应高等职业院校教学的需要。相信这批教材的出版，将为高职院校课程体系与教学内容的改革、教育教学质量的提升，以及推动我国优质高等职业院校的建设作出贡献。

河南职业技术学院院长

李桂贞

2018 年 5 月

前　言

Java 是目前推广速度较快、使用广泛的程序设计语言之一，它采用面向对象编程技术，功能强大而又简单易学，深受广大程序设计人员的喜爱。Java 具有简单易学性、面向对象性、平台无关性、安全性和健壮性等诸多特点，具有多线程和网络支持能力，可以说它是网络世界的通用语言。其简单易学性体现在对象的设计和方法的使用上。初学者很容易接受面向对象的概念和设计方法，可以很快编写出合格的面向对象程序去解决一些简单问题。为了迎接信息时代的挑战，学习和掌握 Java 语言无疑会带来更多的机遇。

本书特点如下：

1．从应用与实用的角度出发，通过大量实例，阐述了 Java 编程相关技术，注重培养学生应用知识的能力。

2．内容编排由浅入深、循序渐进，力求通俗易懂、简便实用，符合教师教学和学生学习的习惯。

3．概念清楚，逻辑性强，结构合理，实用性强。

本书对 Java 语言的基本内容做了详细的介绍，并在有关章节穿插介绍了一些常用的类库和方法。

全书共 13 章。第 1 章全面介绍 Java 语言的基本知识，引导读者进入 Java 世界。第 2 章和第 3 章介绍 Java 语言基础及流程控制结构和方法。第 4 章深入浅出地介绍面向对象编程的核心：对象、类及相关概念。第 5 章介绍 Java 中的数组、字符串和常用类库。第 6 章介绍异常处理的方法。第 7 章介绍 Java 的输入/输出。第 8 章介绍多线程的知识。第 9 章介绍图形用户界面的组件，利用这些组件可进行图形用户界面设计，编写方便、实用的窗口和界面。第 10 章探讨 Java 中的网络编程的方法。第 11 章介绍集合类和反射的相关知识。第 12 章结合实例讲解 Java 与数据库的连接过程，并给出数据库查询、更新的实例。第 13 章通过一个小型的项目，整合 Java 高级技术的部分知识点，使初学者对于 Java 软件的开发有一个初步认识。

本书由河南职业技术学院的李纪云、张大鹏、孙钢担任主编。其中，第 1～3 章由李纪云编写，第 4～7 章由孙钢编写，第 8～13 章由张大鹏编写。在本书编写过程中，编者参考了大量有关 Java 语言的书籍、资料，在此对这些参考文献的作者表示感谢。

书中所有实例都运行通过，相关的例题源程序、微课及习题答案请通过扫描书中提供的二维码观看。本书各章均提供了 PPT 教学课件，读者可到 http://www.abook.cn 下载。

由于时间仓促，加之编者水平有限，书中难免存在疏漏和不足之处，恳请广大读者批评指正，以使本书得以改进和完善。

编　者

2018 年 10 月

目　　录

第 1 章 初识 Java

学习指南

通过对本章的学习，了解 Java 语言的发展，掌握它的特点，初步建立面向对象的概念；通过一个简单的 Java 应用程序，学习 Java 程序的构成及运行方法；掌握 Java 编译环境的配置与建立。

难点重点

- Java 语言的特点。
- Java 运行环境配置。
- 简单 Java 应用程序的编写。

1.1 程序设计语言

1.1.1 程序设计语言的发展历程

程序设计语言的发展经历了从机器语言、汇编语言到高级语言的过程。机器语言、汇编语言统称低级语言。汇编语言源程序必须经过汇编生成目标文件，才能执行。高级语言源程序可以用解释、编译两种方式执行。

1．机器语言

电子计算机所使用的数据是由“0”和“1”组成的二进制数，二进制是计算机语言的基础。一串串由“0”和“1”组成的指令序列交由计算机执行，这种语言就是机器语言。使用机器语言编程是十分不方便的，而且由于每台计算机的指令系统往往各不相同，在一台计算机上执行的程序无法在另一台计算机上执行，必须另编程序，造成了重复工作。但由于机器语言是针对特定型号计算机的语言，故而其运算效率是所有语言中最高的。

2．汇编语言

针对机器语言的弊端，人们进行了一种有益的改进：用一些简洁的英文字母、符号串来替代一个特定指令的二进制串，如用“ADD”代表加法，用“MOV”代表数据传递等，这种程序设计语言就称为汇编语言，它是第二代计算机语言。然而，计算机是不认识这些符号的，这就需要一个专门的程序，负责将这些符号翻译成二进制的机器语言，这种翻译程序称为汇编程序。汇编语言同样十分依赖于机器硬件，可移植性不好，但效率仍十分高。针对计算机特定硬件而编制的汇编语言程序能准确发挥硬件的功能和特长，程序精练且质量高，所以至今仍是一种常用且强有力的软件开发工具。

3．高级语言

高级语言接近于数学语言或人的自然语言，同时不依赖于计算机硬件，编写出的程序能在所有机器上通用。1954 年，第一种完全脱离机器硬件的高级语言——FORTRAN 问世了。几十年来，共有几百种高级语言出现。高级语言的发展也经历了从早期语言到结构化程序设计语言，从面向过程到非过程化程序语言的过程。20 世纪 80 年代初，面向对象的程序设计语言出现。

高级语言的下一个发展目标是面向应用，也就是说，只需要告诉程序要干什么，程序就能自动生成算法，自动进行处理。

1.1.2 Java 的发展历史

1991 年，Sun 公司（2009 年被 Oracle 公司收购）为了进军家用电子消费市场，成立了一个代号为 Green 的项目组，Oak（橡树）系统出现。

Oak 以 C++语言为蓝本，吸收了 C++中符合面向对象程序设计要求的部分，同时加入了一些满足网络设计要求的部分。

1994 年，Green 项目组成员在认真分析了计算机网络应用的特点之后，认为 Oak 满足网络应用所要求的平台独立性、系统可靠性和安全性等，并用 Oak 设计了一个称为 WebRunner（后来称为 HotJava）的 WWW 浏览器。

1995 年 5 月 23 日，Sun 公司开发的一门新的语言——Java 面世。之前，“Java”只表示印度尼西亚的一座岛屿或一种与众不同的混合咖啡。

Java 语言一经推出，就受到了业界的关注。Netscape 公司第一个认可 Java 语言，并于 1995 年 8 月将 Java 解释器集成到其主打产品 Navigator 浏览器中。接着，Microsoft 公司在 Internet Explorer 中认可了 Java 语言。Java 语言开始了自己的发展历程。使用者开始意识到 Java 语言既小巧又安全，而且可以移植，Java 很快便取得巨大成功，并被全世界成千上万的程序员使用。

目前使用的 Java 包括 Java SE、Java EE、Java ME 三个版本，分别用于不同的领域。

1）Java SE（Java standard edition）：用于工作站、个人计算机（personal computer，PC），为桌面开发和低端商务应用提供了 Java 标准平台。

2）Java EE（Java enterprise edition）：用于服务器，构建可扩展的企业级 Java 平台。

3）Java ME（Java micro edition）：为嵌入式 Java 消费电子平台，适用于消费性电子产品和嵌入式设备。

1.2　Java 语言的特点

Java 语言是简单的、面向对象的分布式语言，具有较高的安全性，可以实现多线程，更主要的是它与平台无关，解决了困扰业界多年的软件移植问题。

1．面向对象

面向对象（object-oriented）程序设计模式是近代软件工业的一种革新，它支持软件的适应性（flexibility）、模块化（modularity）与可重用性（reusability），提高开发效率，降低开发成本。Java 是完全对象化的程序语言，编程重点在于产生对象、操作对象及使对象一起协调工作，以实现程序的功能。

2．语法简单

Java 语言的语法结构类似于 C 和 C++，熟悉 C++的程序设计人员不会对它感到陌生。与 C++相比，Java 去除了复杂特性，增加了实用功能，使开发变得简单而可靠。

3．平台无关性

平台无关性是指 Java 能运行于不同的系统平台。Java 引进虚拟机概念，Java 虚拟机（Java virtual machine，JVM）建立在硬件和操作系统之上，用于实现 Java 字节码文件的解释和执行，为不同平台提供统一的 Java 接口，这使得 Java 应用程序可以跨平台运行，非常适合网络应用。

4．安全性

安全性是网络应用系统必须考虑的重要问题。Java 设计的目的是提供一个网络/分布式计算环境，因此，Java 特别强调安全性。Java 程序运行之前会利用字节码验证进行代码的安全检查，确保程序不会存在非法访问本地资源、文件系统的可能，保证了程序在网络间运行的安全性。

5．分布式应用

Java 为程序开发提供了 Java.net 包。该包提供了一组类，使程序开发者可以轻易实现基于 TCP/IP 的分布式应用系统。此外，Java 还提供了专门针对互联网应用的一整套类库，供开发人员进行网络程序设计。

6．多线程

Java 语言支持多线程控制，可使用户程序并行执行。利用 Java 的多线程编程接口，开发人员可以方便地写出多线程的应用程序。Java 语言提供的同步机制可保证各线程对共享数据的正确操作。在硬件条件允许的情况下，这些线程可以直接分布到各个 CPU 上，充分发挥硬件性能，提高程序执行效率。

7．动态特性

Java 程序的基本组成单元是类，有些类是开发人员编写的，有些类是从类库中引入的，而类又是运行时动态装载的，这就使得 Java 可以在分布式环境中动态地维护程序及类库，而不像 C++那样，每当其类库升级之后，相应的程序都必须重新修改、编译。

1.3 Java 程序的开发、编译和运行

1.3.1 Java 执行环境 JDK

JDK 是 Java 语言的软件开发工具包，主要用于移动设备、嵌入式设备上的 Java 应用程序。JDK 是整个 Java 开发的核心，它包含了 Java 的运行环境（JVM+Java 系统类库）和 Java 工具。绝大多数 Java 可视化开发工具依赖和使用 JDK。进入 Oracle 官方网站可免费获得 JDK 软件和文档。双击下载后的文件即可安装，默认安装在 C 盘下。

JDK 的安装目录如图 1-1 所示。

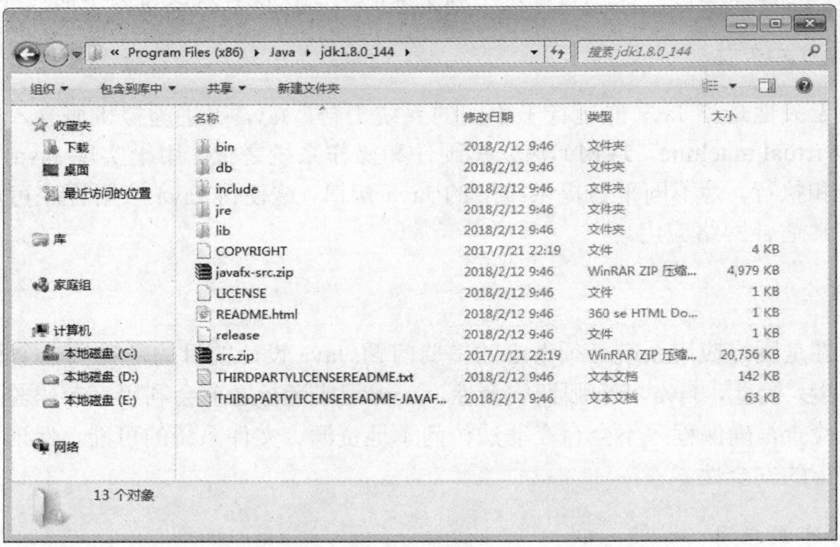

图 1-1 JDK 的安装目录

主要目录说明：

1）bin：存放可执行文件。

2）lib：存放 Java 类库文件。

3）jre：存放 Java 运行时系统文件的根目录，包含 Java 虚拟机、运行时的类包和 Java 应用启动器。

1.3.2 JDK 环境变量配置

正常运行 JDK，须配置环境变量，操作步骤如下：

1）右击桌面上的“计算机”图标，在弹出的快捷菜单中选择“属性”命令，打开“系统”窗口。

2）单击“高级系统设置”链接，弹出“系统属性”对话框，在“高级”选项卡中单击“环境变量”按钮。

3）在“环境变量”对话框的“系统变量”列表框中新建 path 变量，值设为 C:\Program Files (x86)\Java\jdk1.8.0_144\bin，如图 1-2 所示。

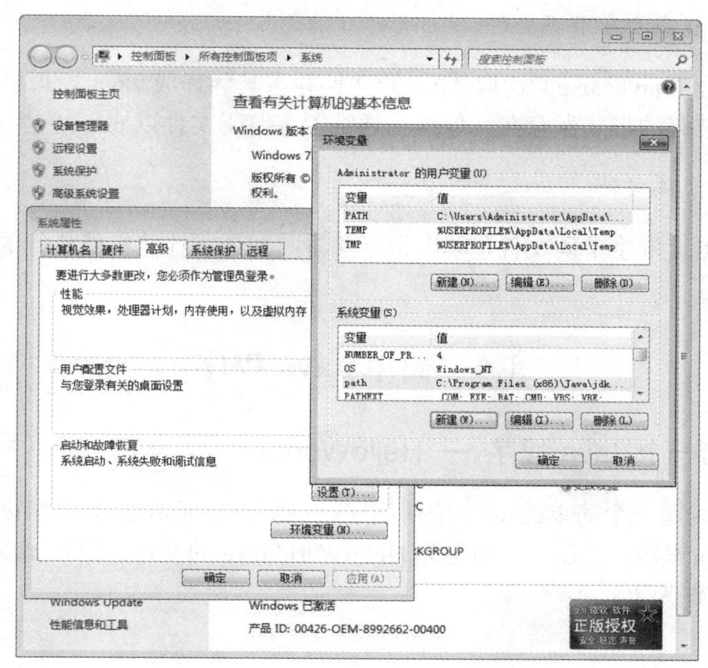

图 1-2　环境变量的设置

1.3.3　常用 Java 开发工具

1. 文本编辑器

Java 源代码本质上是普通的文本文件，任何可以编辑文本文件的编辑器都可以作为 Java 源代码的编辑工具，如 Windows 记事本、写字板、Word 等。但是这些简单工具没有语法的高亮提示、自动完成等功能，会大大降低代码的编写效率。一般会选用一些功能比较强大的类似记事本的工具，如 Notepad++、Sublime Text、EditPlus、UltraEdit、Vim 等来编写 Java 源代码。

2. 集成开发工具

集成开发工具提供了 Java 集成开发环境，为需要集成 Java 的开发者提供对 Web 应用、Servlet、JSP、EJB、数据访问和企业级应用的强大支持。现在的很多工具属于这种类型，这也是 Java 开发工具的发展趋势。在这类工具中，主要推荐 NetBeans、HomeSite、JBuilder、WebGain 和 Eclipse 等。

1.3.4 开发 Java 程序的步骤

1．创建 Java 源程序

Java 源程序一般用.java 作为扩展名，用 Java 语言编写，可以用任何文本编辑器创建与编辑。

2．编译源程序为字节码文件

Java 编译器（javac.exe）读取 Java 源文件并将其翻译成 Java 虚拟机能够理解的指令集合，以字节码的形式保存在文件中。通常，字节码文件以.class 作为扩展名。

3．运行字节码文件

Java 解释器读取字节码文件，取出指令并将其翻译成计算机能执行的代码，完成运行过程。

1.4 简单 Java 程序

1.4.1 第一个 Java 程序——HelloWorld!

【例 1-1】编写一个简单的 Java 应用程序，在屏幕上显示字符串“Hello, World!”。

打开文本编辑器，创建一个名称为 HelloWorld.java 的文件。输入如下代码，然后保存在 E:\Java 文件夹下。

```
/*
 * 这是一个测试程序
 */
public class HelloWorld {
   /*
    * 这是一个 main()方法
    */
   public static void main(String[] args) {
      //输出信息"Hello, World!"
      System.out.println("Hello, World!");
   }
}
```

编译器要求文件必须以.java 作为扩展名。在 Java 程序中，代码应位于类的内部。因此，类名和文件名应匹配。Java 是区分大小写的，因此文件名应该与类名完全相同。对于本例，源文件名应该是 HelloWorld.java 而不是 helloWorld.java，否则它们将被视为两个不同的文件。

程序说明：

1）注释：

```
/*
 * 这是一个测试程序
 */
```

多行注释以“/*”开始，以“*/”结束，用于为程序添加注释。注释语句没有执行效果，会被编译器忽略。单行注释以“//”开始，一般放在每行末尾。

2）public class HelloWorld 声明了一个名称为 HelloWorld 的类。public 关键字表示这个类的访问特性是公共的。整个类定义放在一对大括号（即“{}”）中。

3）public static void main(String[] args) 定义了程序的主方法 main()，即程序从这里开始执行。Java 应用程序必须含有一个主方法。public 关键字表示这个方法是公共的，可以从程序中任何地方访问；static 关键字表示这个方法是静态的，指出这个方法是针对这个类而不是针对类生成的对象；void 关键字表示这个方法没有返回值。

一个类可以声明多种方法，但最多只能有一个主方法 main()。main()方法是所有 Java 应用程序执行的起始点，Java 程序通过它调用类中的其他方法。

main()方法的小括号中是方法的参数列表，它们是方法内的局部变量，用于接收从外部传递的参数。它通常写成 String[] args，表明所接收的参数是一个名为“args”的字符串数组。

4）System.out.println("Hello, World!");是 main()方法唯一的语句，其作用是在显示器上显示字符串"Hello, World!"。这是一个字符串，必须用引号引起来。最后的分号是必须要有的，表明这是一条 Java 语句。

1.4.2 编译和运行 HelloWorld 程序

在 Java 中，一个源文件就是一个编译单元。打开 Windows 命令行窗口，编译和运行 HelloWorld 程序，输出结果如图 1-3 所示。

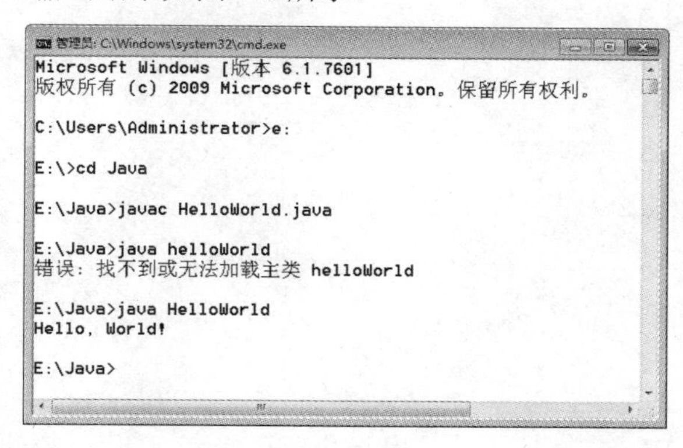

图 1-3 输出结果

javac 命令用于将 HelloWorld.java 文件编译成 HelloWorld.class 文件。java 命令用于运行 HelloWorld 程序，屏幕上最终显示“Hello, World!”的信息。

本 章 小 结

本章重点介绍了 Java 的发展历史及特点，简单介绍了面向对象的内涵；编写了一个小的应用程序，并编译、运行，还对 Java 程序的基本结构做了详细的分析。要求掌握以下内容：

1）Java 是面向对象的跨平台语言。

2）Java 字节码是 Java 虚拟机（JVM）可理解的机器语言指令，通常作为 Java 语言源代码的编译结果而生成。

3）Java 程序的执行步骤：①创建 Java 源程序；②编译源程序为字节码文件；③运行字节码文件。

习题 1

一、简答题

1．Java 语言有哪些特点？

2．Java 是由哪家公司开发的？请写出 JDK 的下载网址，下载并安装 JDK 包。

3．Java 常用开发工具有几类？分别是什么？

二、程序设计题

设计一个最简单的程序，要求在屏幕上输出以下结果：

```
学习 Java 是一件很轻松的事，
我很喜欢它
```

习题 1 参考答案

第2章 Java语言基础

学习指南

通过对本章的学习，了解Java语言基础知识，包括变量和数据类型、运算符、表达式，以及相关的基础知识。掌握这些基础知识，是正确书写Java程序的前提条件。

难点重点

- Java语言的语法规则。
- 常量。
- 变量。
- 数据类型。
- 运算符与表达式。
- 数据的输入与输出。

2.1 常量与变量

2.1.1 标识符

Java中的包、类、方法、常量和变量都需要有一个名称来表示，这个名称就是标识符。标识符可以由编程者自由指定，但是需要遵循一定的语法规定。

1）标识符必须以字母、下划线“_”或美元符号“$”开头，首字符之后可以跟任意数量的大写字母（A～Z）、小写字母（a～z）、数字（0～9）、下划线和美元符号。

2）标识符长度没有限制。

3）标识符区分大小写，system和System、class和Class分别代表不同的标识符。

4）不能使用Java中的关键字和保留字作为标识符。

5）标识符命名一般采用见名知义的原则。例如，用userName代表用户名，用sum表示和。

下面是合法的标识符：identifier、userName、User_name、_UserName、$username。

下面是非法的标识符：Class、9a、str*s、$ab-c。

以下是一些约定俗成的准则。

1）变量名：首字母小写，如果变量名由多个单词组成，则第二个及其后的单词首字母大写，如 isVisible。

2）类名、接口名：首字母大写，内含的单词首字母大写，如 AppletInOut。

3）方法名：一般为动词，首字母小写，内含的单词首字母大写，如 play、connectNumber。

4）常量名：全部大写，单词间用下划线分开，如 PI、TOTAL_COUNT。

2.1.2 变量的作用域和生命周期

应用程序使用变量来存储程序运行期间需要的或生成的数据。变量是 Java 程序中存储数据的基本单元。在 Java 中，每个变量都有类型。声明变量时，要先说明此变量的类型。所有变量都具有固定的作用域。变量的作用域定义变量的可见性和生命周期。

Java 中的所有变量都必须先声明才能使用，用逗号隔开可以声明多个变量；变量在定义的同时可以初始化；变量区分大小写。

声明变量的语法格式：

```
数据类型  变量名[=值] [,变量名[=值]…];
```

例如：

```
int number;
int num=4,sum;
int x,y=0;
```

Java 中的变量可以在代码块的任何地方声明。代码块以左大括号开始，以右大括号结束。块用来定义作用域，每次创建一个新块后，就会创建一个新的作用域。变量的作用域可确定在程序中按变量名访问该变量的区域，还可确定变量的生命周期。

在某个作用域内声明某个变量后，该变量就成为局部变量，在其作用域外不能访问。

作用域可以嵌套。每次创建一个代码块后，就会创建一个新的嵌套作用域。外层作用域包括内层作用域，也就是内层作用域中的代码可使用外层作用域中声明的变量；反之则行不通，即外层作用域中的代码无法使用内层作用域中声明的变量。

【例 2-1】变量及其作用域。

```
public class ScopeVariable{
  /*
   * 此程序用于演示变量的作用域
   */
  public static void main(String[] args){
    //num 在 main()方法中可用
    int num=2;
    //测试变量 num
    if(num==2){
      int num1=num*num;
      System.out.println("num 和 num1 的值分别为"+num+"  "+num1);
    }
```

```
            //num1=2;如果有此句,则会发生错误:num1 未知
            System.out.println("num 的值为"+num);
        }
    }
```

在例 2-1 中，变量 num 是在 main()方法中声明的，因此 main()方法内的代码都可以访问该变量。另一个变量 num1 是在 if 块中声明的，因此只有 if 块中的代码才可以使用 num1。为此，将 main()方法中的代码行 num1=2;作为注释，否则编译器会生成错误。但是变量 num 可以在 if 块中使用，因为是在 if 块外部声明的这个变量。

只要变量作用域的代码开始执行，变量就存于内存中；变量超出作用域后，内存就会释放该变量的存储空间。变量的生命周期受其作用域的限制。

如果在块中初始化一个变量，则每次调用块时，系统就会初始化该变量。

2.1.3 常量

常量就是程序中固定不变的值。常量一经建立，在程序运行的整个过程中都不会改变。Java 中的常量包含整型常量、浮点常量、布尔常量、字符常量和字符串常量。

1．整型常量

整型常量用来给整型变量赋值，可以采用十进制、十六进制和八进制表示。十进制整型常量用非 0 开头的数值表示，如 100、-50；十六进制整型常量用 0x 或 0X 开头的数值表示，如 0x8a、0xff、0X9A、0x12 等；八进制整型常量用 0 开头的数值表示，如 017、032。

2．浮点常量

浮点常量表示的是可以带小数的数值常量，分为单精度浮点常量 float（32 位）和双精度浮点常量 double（64 位）两种。浮点常量后面要加上 f（或 F）或者 d（或 D），也可以用科学记数法表示。例如，-2.356e6（或-2.356E6）相当于-2.356×10^{6}，17.85e-3（或 17.85E-3）相当于 17.85×10^{-3}。

小数常量的默认类型为 double 型，所以 float 型常量后面一定要加 f（或 F）。例如，-2.5e3f、3.6F、4.5E-2d、3.6E-5D 都是合法的。

3．布尔常量

布尔常量只有两种：true 和 false，分别表示真和假。

4．字符常量

字符常量是由一对单引号引起来的单个字符，这个字符可以是普通字符（如'a'、'#'、'8'、'Z'），也可以是转义字符，还可以是要表示的字符所对应的八进制数或 Unicode 码。

5．字符串常量

字符串常量是用双引号引起来的常量，用于表示一连串的字符，如"Hello World"、

"123"、"a"。连续两个双引号""表示空串。

注意：字符串所用的双引号和字符所用的单引号都是英文的，不要写成中文的引号。

2.2 基本类型变量

Java 共有 8 种基本数据类型，表 2-1 列举了它们的取值范围、占用的内存大小及默认值。

表 2-1 基本数据类型的取值范围、占用的内存大小及默认值

数据类型	关键字	占用内存/字节	取值范围	默认值
布尔型	boolean	1	true，false	false
字节型	byte	1	−128～+127	0
字符型	char	2	'\u0000'～'\uffff'	'\u0000'
短整型	short	2	−32 768～+32 767	0
整型	int	4	−2 147 483 648～+2 147 483 647	0
长整型	long	8	−9 223 372 036 854 775 808～+9 223 372 036 854 775 807	0
单精度浮点型	float	4	1.4013E−45～3.4028E+38	0.0F
双精度浮点型	double	8	4.9E−324～1.8E+308	0.0D

2.2.1 整型变量

字节型（byte）、短整型（short）、整型（int）和长整型（long）都是整数类型，并且都是有符号整数。

1．字节型

字节型是有符号的 8 位类型。当从网络或文件处理数据流时，字节型变量特别有用。下面定义了 2 个字节型的变量 b 和 c：

```
byte b,c;
```

2．短整型

短整型是有符号的 16 位整数。例如：

```
short s;
short t;
```

3．整型

整型是最常用的整数类型，它是有符号的 32 位整数。如果一个整数表达式包含 byte、short 及 int 型变量，在进行计算以前，所有表达式的变量类型被提升为整型。整型是最通用并且有效的类型。

4. 长整型

对于大型计算，常会遇到很大的整数，超出 int 型所表示的范围，这时要使用 long 型。

【例 2-2】计算光在指定的天数内旅行的里程。

```
public class LightTravel
{
   public static void main(String[] args)
   {
      int lightSpeed;
      long seconds;
      long days;
      long distance;
      lightSpeed=300000;            //光速
      days=1000;                    //设置天数
      seconds=24*60*60*days;
      distance=lightSpeed*seconds;
      System.out.print("光在"+days+"天内旅行了");
      System.out.println(distance+"千米。");
   }
}
```

程序运行结果如下：

```
光在 1000 天内旅行了 25920000000000 千米。
```

计算结果超出了 int 型的表示范围，因此必须使用 long 型。

long 型常量的尾部有一个大写的 L 或小写的 l，如-326L、0177721l。

2.2.2 浮点型变量

浮点型即实数，表示含有小数部分的数值类型，用于计算结果有精度要求的场合。例如，计算平方根、求正弦和余弦，它们的计算结果的精度要求使用浮点型。根据占用内存的不同，浮点型可以分为单精度浮点型和双精度浮点型两种。

1. 单精度浮点型（float）

单精度浮点型占用 32 位的存储空间，在一些处理器上比双精度浮点型更快，而且只占用双精度浮点型一半的空间，但是当变量值很大或很小的时候，它将变得不精确。由于浮点型的默认类型为 double 型，所以 float 型数据的后面一定要加 f（或 F）用于区分。例如：

```
float f=2.5;                //编译错误
float f=2.5f;               //合法
double d=3.2;               //合法
```

2．双精度浮点型（double）

当需要保持多次迭代计算的精确性或在操作值很大时，双精度浮点类型是最好的选择。

【例 2-3】用双精度浮点型变量计算一个圆的面积。

```
public class Area{
   public static void main(String[] args){
      double pi,r,area;
      r=10.8;
      pi=3.1415926;
      area=pi*r*r;
      System.out.println("圆的面积是："+area);
   }
}
```

2.2.3 字符型变量

char 是字符类型，Java 语言对字符采用 Unicode 字符编码。由于计算机只能存储二进制数据，必须为各个字符进行编码，用一串二进制数据来表示特定的字符。常见的字符编码包括以下两种。

1．ASCII 字符编码

ASCII 字符编码实际上只用了 1 字节的 7 位，一共能表示 128（2^7）个字符。例如，字符“a”的编码为 01100001，相当于十进制整数 97。再如，字符“A”的编码为 01000001，相当于十进制整数 65。

2．Unicode 字符编码

Java 采用 Unicode 字符编码，用 2 字节表示 1 字符。例如，字符“a”的 Unicode 字符编码的二进制数据形式为 0000000001100001，十六进制数据形式为 0x0061，十进制形式为 97。以下 4 种赋值方式是等价的：

```
char c='a';
char c='\u0061';
char c=0x0061;
char c=97;
```

在给字符变量赋值时，通常直接从键盘输入特定的字符，一般不会使用 Unicode 字符编码，但对于一些特殊的字符，需要以反斜杠（\）后跟一个普通字符来表示，反斜杠就成了一个转义字符。转义字符如表 2-2 所示。

表 2-2 转义字符

转义字符	描述
\n	换行符，将光标定位在下一行的开头
\r	回车，将光标定位在当前行的开头，不会跳到下一行
\t	制表符，相当于按 Tab 键，将光标定位在下一个制表位
\\	代表反斜杠字符
\'	代表单引号字符
\"	代表双引号字符

【例 2-4】 字符型到整型的转换。

```
public class CharToInt{
  public static void main(String[] args){
    int i,j=10;
    char c='请';
    i=c;
    System.out.println("转换前的字符是: "+c);
    System.out.println("Unicode 编码是: "+i);
    c=(char)(c+j);
    System.out.println("转换后的字符是: "+c);
  }
}
```

在该例中，字符型变量 c 的值是“请”字。程序中输出了该字符的 Unicode 编码对应的十进制数值，并输出变量 c 与一个整型变量做加法运算后的值。

程序运行结果如下：

```
转换前的字符是:请
Unicode 编码是:35831
转换后的字符是:谁
```

2.2.4 布尔型变量

布尔型变量的取值只能是 true 或 false，分别代表真和假。

【例 2-5】 布尔型的应用。

```
public class BoolTest{
  public static void main(String[] args)
  {
    boolean b;
    b=false;
    System.out.println("布尔型变量 b 的值是:"+b);
    b=true;
    System.out.println("布尔型变量 b 的值是:"+b);
```

```
        if(b)  System.out.println("这条语句将被执行。");
        System.out.println("10<5 的结果是:"+(10<5));
    }
}
```

程序运行结果如下：

```
布尔型变量 b 的值是:false
布尔型变量 b 的值是:true
这条语句将被执行。
10<5 的结果是:false
```

由程序运行结果可以看出，在使用 println( )方法输出布尔型变量时，显示的是 true 或 false。

2.3 运 算 符

运算符是一种特殊符号，用于表示数据的运算、赋值和比较。运算符分为算术运算符、关系运算符、逻辑运算符、位运算符等。

2.3.1 算术运算符

算术运算是针对数值类型操作数进行的运算。算术运算符如表 2-3 所示。

表 2-3 算术运算符

运算符	运算	示例	结果
+	加	5+3	8
-	减	6-2	4
*	乘	3*2	6
/	除	8/3	2
%	取模	8%3	2
++	自增	a=2;b=a++; i=2;j=++i;	a=3;b=2; i=3;j=3;
--	自减	a=2;b=a--; i=2;j=--i;	a=1;b=2; i=1;j=1;
-	负号	a=5;b=-a;	a=5;b=-5;

1. 基本算术运算符

基本算术运算符（加、减、乘、除）可以对所有的数字类型进行操作。减运算符也用作单个操作数的负号。对于除号“/”，整数除和小数除是有区别的：整数之间做除法运算时，只保留整数部分而舍弃小数部分。例如：

```
int x=3150;
x=x/1000*1000;
System.out.println(x);
```

运行结果是 3000。因为在程序运行到表达式 x/1000 的时候，结果是 3，而不是 3.15。

2. 模运算符

模运算符“%”用于得到整数除法运算的余数。它可以被用于浮点类型。

【例 2-6】 模运算符的使用。

```
public class ModulusTest{
   public static void main(String[] args)
   {
      int x=35;
      double y=35.25;
      System.out.println("x%10="+(x%10));
      System.out.println("y%10="+(y%10));
   }
}
```

程序运行结果如下：

```
x%10=5
y%10=5.25
```

3. 自增、自减运算符

“++”和“--”是 Java 的自增和自减运算符。例如，x=x+1 与 x++等价。同样，x=x-1 与 x--等价。

【例 2-7】 自增运算符的使用。

```
public class Add{
   /*
    * 这是一个自增运算符的测试程序
    */
   public static void main(String[] args){
      int x=5;
      int y=5;
      int m,n;
      m=x++;
      n=++y;
      System.out.println("m="+m);
      System.out.println("n="+n);
   }
}
```

程序运行结果如下：

```
m=5
n=6
```

2.3.2　关系运算符

关系运算符的作用是比较两边的操作数，结果都是布尔型的，即要么是 true，要么是 false，如表 2-4 所示。

表 2-4　关系运算符

运算符	运算	示例	结果
==	等于	4==3	false
!=	不等于	4!=3	true
<	小于	4<3	false
>	大于	4>3	true
<=	小于等于	4<=3	false
>=	大于等于	4>=3	true

在表达式中要注意等号和赋值号的区别，关系运算符“==”不能误写成“=”。

【例 2-8】关系运算符的使用。

```
public class CompOperat
{
   public static void main(String[] args)
   {
      int a=5,b=6,c=6;
      boolean bool;
      bool=a<b;
      System.out.println("bool="+bool);
      System.out.println("b==c 的结果是:"+(b==c));
   }
}
```

程序运行结果如下：

```
bool=true
b==c 的结果是：true
```

2.3.3　逻辑运算符

逻辑运算符用于对布尔型结果的表达式进行运算，运算的结果都是布尔型的，如表 2-5 所示。

表 2-5 逻辑运算符

运算符	运算	示例	结果
&&	短路与	true && false	false
&	非短路与	true & false	false
||	短路或	true || true	true
|	非短路或	true | true	true
!	非	!true	false
^	异或	true ^ false	true

“&”和“&&”的区别在于，任何情况下，“&”两边的表达式都会参与计算；而当“&&”左边表达式的结果为 false 时，整个表达式的值为 false，将不会计算其右边表达式。

“|”和“||”的区别在于，任何情况下，“|”两边的表达式都会参与计算；而当“||”左边表达式的结果为 true 时，整个表达式的值为 true，将不会计算其右边表达式。

【例 2-9】“&”和“&&”与“|”和“||”的区别。

```
public class TestAndOr
{
   public static void main(String[] args)
   {
      int x=0;
      int y=0;
      if(x!=0 && y==(y=y+1))
         //表达式 x!=0 为 false，y==(y=y+1)不执行，输出语句不执行，y 仍为 0
         System.out.println("y="+y);
      if(x!=0 & y==(y=y+1))
         //表达式 x!=0 为 false，y==(y=y+1)仍执行，输出语句不执行，y 为 1
         System.out.println("y="+y);
      int a=5,b=6;
      if(a==5||b==(b=a))
         //表达式 a==5 为 true，b==(b=a)不再执行，输出语句执行，b 为 6
         System.out.println("b="+b);
      if(a==5|b==(b=a))
         //表达式 a==5 为 true，b==(b=a)要执行，输出语句执行，b 为 5
         System.out.println("b="+b);
   }
}
```

程序运行结果如下：

```
b=6
b=5
```

只有当运算符“^”连接的两个布尔表达式的值不相同时，结果才为 true，如果都为 true 或都为 false，表达式将返回 false。

2.3.4 位运算符

任何信息在计算机中都是以二进制的形式保存的。作为位运算符，“~”、“&”、“|”和“^”可对两个操作数中的每一个二进制位进行运算。

“~”是单目运算符，对参加运算的数按二进制位取反，原来为“1”的变为“0”，原来为“0”的变为“1”。

只有参加运算的两位都为 1，&运算的结果才为 1，否则为 0。

只有参加运算的两位都为 0，| 运算的结果才为 0，否则为 1。

只有参加运算的两位不同，^ 运算的结果才为 1，否则为 0。

除了这些位运算操作外，还可以对数据按二进制位进行移位操作，Java 的移位运算符有 3 种：<<（左移）、>>（右移）、>>>（无符号右移）。

左移很简单，就是将左边操作数在内存中的二进制数据左移右边操作数指定的位数，右边移空的部分补 0。对于 Java 来说，有符号的数据（Java 语言中没有无符号的数据类型）用“>>”移位时，如果最高位是 0，则左边移空的高位填入 0；如果最高位是 1，则左边移空的高位填入 1。另外，Java 提供了一个移位运算符“>>>”，不管通过“>>>”移位的整数最高位是 0 还是 1，左边移空的高位都填入 0。

【例 2-10】移位运算符的使用。

```
public class ShiftTest
{
   public static void main(String[] args)
   {
      int i=5,j=-259,k=-688;
      i=i<<2;
      j=j>>3;
      k=k>>>3;
      System.out.println("i="+i);
      System.out.println("j="+j);
      System.out.println("k="+k);
   }
}
```

程序运行结果如下：

```
i=20
j=-33
k=536870826
```

从程序运行结果可以发现，k 变成了正数，这是因为在进行移位操作时，其最高位补的是 0。

位运算符也可以与“=”赋值运算符组合产生一些新的赋值运算符，如“<<=”“>>=”“>>>=”“|=”“^=”等。

需要注意的是，以上移位运算符适用的数据类型有 byte、short、char、int、long。对于低于 int 型的操作数，先自动将其转换为 int 型再移位。对 int 型整数进行移位操作时，如 a>>b，系统先将 b 对 32 取模，得到的结果才是真正移位的位数。例如，a>>33 和 a>>1 结果是一样的，a>>32 的结果还是 a 原来的数字。对 long 型整数进行移位操作时，如 a>>b，则先将移位位数 b 对 64 取模。

2.3.5　条件运算符

Java 提供了一个特别的三元运算符用于取代 if…else 语句，这个运算符就是“?:”，该运算符的通用格式如下：

```
expression1 ? expression2:expression3
```

其中，expression1 是一个布尔表达式，如 expression1 为真，则对 expression2 求值；否则，对 expression3 求值。整个条件表达式的值就是被求值表达式（expression2 或 expression3）的值。expression2 和 expression3 可以是任何类型的表达式，且它们的类型必须相同。

【例 2-11】条件运算符的使用。

```
public class TernaryTest{
  public static void main(String[] args)
  {
    int i,k;
    i=10;
    k=i>=0?i:-i;
    System.out.println(i+"的绝对值是："+k);
    i=-10;
    k=i>=0?i:-i;
    System.out.println(i+"的绝对值是："+k);
  }
}
```

程序运行结果如下：

```
10 的绝对值是:10
-10 的绝对值是:10
```

2.3.6　赋值运算符

赋值运算符的作用是将一个值赋给一个变量，最常用的赋值运算符是“=”，“=”与其他运算符组合产生一些新的赋值运算符，如“+=”“*=”等。“+=”是将变量与所赋的值相加再赋给该变量，例如，x+=3 相当于 x=x+3。所有运算符都可依此类推，如表 2-6 所示。

表 2-6　赋值运算符

运算符	运算	示例	结果
=	赋值	i=2;j=3;	i=2;j=3;
+=	加等于	i=2;j=3;i+=j	i=5;j=3;
-=	减等于	i=2;j=3;i-=j	i=-1;j=3;
*=	乘等于	i=2;j=3;i*=j	i=6;j=3;
/=	除等于	i=2;j=3;i/=j	i=0;j=3;
%=	模等于	i=4;j=3;i%=j	i=1;j=3;

在 Java 中可以采用以下形式对变量进行赋值：

```
x=y=z=5;
```

在这条语句中，3 个变量都被赋值 5。

2.3.7　运算符的优先级和结合规则

运算符有不同的优先级，即这些运算符出现在同一个表达式中的运算顺序。表 2-7 中列出了包括分隔符在内的所有运算符的优先级，上一行中的运算符总是优先于下一行的。

表 2-7　运算符的优先级

<table>
<tr><th>优先级</th><th>运算符</th><th colspan="2">操作符分类</th></tr>
<tr><td>1</td><td>.、[]、()、{}</td><td colspan="2">分隔符</td></tr>
<tr><td>2</td><td>!、++、--、-、~</td><td colspan="2">一元运算符</td></tr>
<tr><td>3</td><td>*、/、%</td><td rowspan="2">算术运算符</td><td rowspan="6">二元运算符</td></tr>
<tr><td>4</td><td>+、-</td></tr>
<tr><td>5</td><td><<、>>、>>></td><td rowspan="2">移位运算符</td></tr>
<tr><td>6</td><td><、>、<=、>=</td></tr>
<tr><td>7</td><td>==、!=</td><td>关系运算符</td></tr>
<tr><td>8</td><td>&、|、&&、||</td><td>逻辑运算符</td></tr>
<tr><td>9</td><td>?:</td><td>条件运算符</td><td>三元运算符</td></tr>
</table>

另外，还可使用括号或分成多条语句定义优先级。括号的优先级是最高的，多使用括号能增强程序的可读性，是一种良好的编程习惯。

2.4　基本数据类型的转换

整型、浮点型、字符型数据可以进行混合运算。当在不同类型的变量之间赋值时，或者直接将一个数赋给与它不同类型的变量时，需要进行类型转换。类型转换可分为隐式转换和显式转换两种，从低位类型向高位类型转换会进行自动转换，而从高位类型向低位类型转换需要进行强制类型转换。

2.4.1 隐式转换

隐式转换是指程序运行时，Java 虚拟机自动将一种数据类型转换成另一种数据类型。例如：

```
char c='a';
int i=c;     //把 char 型变量 c 赋给 int 型变量 i
int j='a';   //把 char 型变量'a'赋给 int 型变量 j
```

这类转换要满足以下条件：①两种类型必须兼容；②目标类型大于源类型。

例如，long 型数据可以存放 int 型数据。在这种类型转换中，数值类型相互兼容。数值类型与 char 型、boolean 型不兼容，char 型和 boolean 型也互不兼容。

另外，在计算表达式时，表达式中不同类型的数据先自动转换为同一类型，然后进行运算。隐式转换总是从低位类型向高位类型转换。例如，int 型相对于 byte 型是高位类型，而 int 型相对于 long 型是低位类型。表达式中操作数自动转换的规则如下：

- 当表达式中存在 double 型的操作数时，将所有操作数自动转换为 double 型，表达式的值为 double 型；
- 否则，当表达式中存在 float 型的操作数时，将所有操作数自动转换为 float 型，表达式的值为 float 型；
- 否则，当表达式中存在 long 型的操作数时，将所有操作数自动转换为 long 型，表达式的值为 long 型；
- 否则，将所有操作数自动转换为 int 型。

例如，表达式 a+b*c+d 包含 int 型、long 型和 double 型的数据，因此变量 a、b 和 c 会自动转换为 double 型的临时数据，然后参与运算，表达式的值为 double 型。

```
int a,b=0;
long c=3;
double d=2.6;
double s=a+b*c+d;
```

再如，(x>d)?36.5:8 表达式中有 double 型操作数 36.5 和 int 型操作数 8，int 型数据 8 将被自动转换为 double 型数据 8.0，所以表达式的值是 double 型的 8.0，而不是 int 型的 8。

```
int x=6;
double d=8.5;
System.out.println((x>d)?36.5:8);     //输出 8.0
```

在进行赋值运算时，也会进行从低位到高位的自动类型转换。赋值运算的自动类型转换规则如下：

byte→short→int→long→float→double

byte→char→int→long→float→double

2.4.2 显式转换

如果将高位类型赋值给低位类型，就必须进行强制类型转换，否则编译会出错。例如：

```
float f=6.8;        //编译出错，不能将 double 型数据直接赋给 float 型变量
int i=(int)6.85; //合法，将 double 型数据强制转换为 int 型
long j=5;           //合法
int k=(int)j;       //合法，将 long 型变量强制转换为 int 型
char c=-2;          //编译出错，-2 超出了 char 型的取值范围，需要强制类型转换
char cc=(char)-2;//合法，将 int 型数据-2 强制转换为 char 型
short s1='a';     //合法，char 型数据'a'在 short 型的取值范围内，变量 s1 的值为 97
char c1=97;       //合法，int 型数据 97 在 char 型的取值范围内，变量 c1 的值为'a'
short s2=c1;      //编译出错，将 char 型变量赋给 short 型，需要强制类型转换
char c2=s1;       //编译出错，将 short 型变量赋给 char 型，需要强制类型转换
short s3=c1;              //合法
char c3=(char)s1;         //合法
```

强制类型转换有可能会导致数据溢出或精度下降。

再如，以下代码将 double 型的 3.2081 赋给 long 型变量，小数部分被舍弃，a 的取值为 3，导致精度丢失。

```
long a=(long)3.2081;       //精度丢失，a 的取值为 3
```

2.5 数据的输入与输出

Java 程序通过流来完成输入/输出。在 Java 中，输入/输出流的实现主要由 java.io 包中的类完成。

所有的 Java 程序自动导入 java.lang 包，该包定义了一个名为 System 的类。System 类包含 3 个预定义的流变量，即 in、out 和 err。这些成员在 System 中被定义成 public 和 static 型，可以直接使用类名 System 调用。

System.in 是标准输入流，System.out 是标准输出流，System.err 是标准错误流，这些流可以重定向到任何兼容的输入/输出设备。

1．数据的输入

System.in 是 InputStream 类型的对象，可以用于 inputStream。下面的一行代码创建了与键盘相连的 BufferedReader 对象。

```
BufferedReader br=new BufferedReader(new InputStreamReader(System.in));
```

该语句执行后，br 是通过 System.in 生成的连接控制台的字符流。

（1）读取字符

从 BufferedReader 读取字符，用 read()方法，语法格式如下：

```
int read() throws IOException
```

该方法每次执行都从输入流读取一个字符并以整型返回，当遇到流的末尾时，返回-1。它可能引发一个 IOException 异常。

从键盘读取一行字符串，使用 readLine()方法，语法格式如下：

```
String readLine() throws IOException
```

该方法返回一个 String 类的对象。

【例 2-12】读取字符和字符串。

```
import java.io.*;
public class ReadTest{
  public static void main(String[] args)throws IOException
  {
    char c;
    String s;
    BufferedReader br=new BufferedReader(new
                    InputStreamReader(System.in));
    System.out.println("请输入一个字符串，用回车结束：");
    c=(char)br.read();
    System.out.println(c);
    s=br.readLine();
    System.out.println(s);
  }
}
```

程序运行结果：

```
请输入一个字符串，用回车结束：
fafjdas
f
afjdas
```

由此可见，当输入一个字符串并按 Enter 键结束时，read()方法读取第一个字符，readLine()方法读取余下的字符串。

（2）读取数值

当要读取数值时，可使用上述方法先读入数字字符串，然后调用相应数值类型的包装类的转换函数。

【例 2-13】读取数值型数据。

```
import java.io.*;
public class NumberRead{
public static void main(String[] args)throws IOException
{
   int i;
   float f, j;
   String s;
   BufferedReader br = new BufferedReader(new
                         InputStreamReader(System.in));
   System.out.println("请输入第一个数据: ");
   try
   {
      s = br.readLine();
      i = Integer.parseInt(s);
      System.out.println("请输入第二个数据: ");
      s = br.readLine();
      f = Float.parseFloat(s);
      j = i + f;
      System.out.println(i + "+" + f + "=" + (i + f));
      } catch (IOException e)
      {
         e.printStackTrace();
      }
   }
}
```

程序运行结果:

```
请输入第一个数据:
5
请输入第二个数据:
6
5+6.0=11.0
```

2. 数据的输出

数据的输出使用 print()方法和 println()方法实现是较为简单的方法。这两种方法的区别是，print()方法输出后不换行，而 println()方法输出后换行。它们均由 PrintStream（System.out 引用的对象类型）定义。

3. 命令行参数

如果想在程序运行时将信息传递到一个程序中，可以通过命令行参数传递给 main()

方法来实现。命令行参数是程序执行时在命令行紧跟在程序名后的信息。在 Java 程序中，它们作为字符串存储在传递给 main()方法的 String 数组中。

【例 2-14】命令行参数的使用。

```
public class CommandLine{
  public static void main(String[] args)
  {
    int i;
    for(i=0;i<args.length;i++)
      System.out.println("第"+i+"个命令行参数是："+args[i]);
  }
}
```

2.6 编码规范

在一个软件的生命周期中，80%的时间花费在维护阶段。绝大多数软件在其整个生命周期中不是由最初的开发人员来维护的，这意味着软件的可读性十分重要，而编码规范可以改善软件的可读性，可以让程序员尽快理解新的代码，这对于程序设计而言也是特别重要的。

1．命名规则

1）属性、变量、方法参数的名称首字母小写，其他单词首字母大写，如 userPrivilege；采用名词，如 connection（而不是 connect）。

2）类、接口名的首字母大写，其他单词首字母也大写，如 BufferedStreamReader；采用名词。

3）包名的所有字母都要小写，顶级包名以开发者所在机构域名的逆序形式排列，如 com.sun.jdbc、org.jboss；非顶级包名采用名词或名词的缩写。

4）方法（函数）名的首字母小写，其他单词首字母大写，如 buildXML；采用强动词，如 createJSPPage。

5）常量名的每一个字母均大写，单词之间用下划线分隔，常量名必须体现该常量的准确意义，例如，private static final int MAX_PATH = 255。

6）数组名应该使用下面的方式来命名：byte[ ] buffer，而不是 byte buffer[ ]。

2．编码规则

1）单行代码不得超过 80 个字符，每行代码最多包含一个独立的语句，代码缩进两个空格（两个空格已经足够清晰了，缩进量过大会导致单行代码很长，反而影响阅读）。如果单行代码过长，则应该在逗号或操作符的后面断行。

2）每一个变量的声明独占一行，将变量的声明置于代码块的开始位置。

3）for、while、do…while 循环，if…else if…else、switch…case 分支，try…catch…finally 块即使仅包含一个语句，也要用{}括起。

4）空行应该在逻辑代码段、两个类或接口的定义、两个方法/函数/过程之间，或在for、while、do…while 循环，if…else if…else、switch…case 分支，try…catch…finally 块的前面。

5）应有足够的注释，代码的注释量应不少于总代码行数的 1/3。在维护代码的同时维护注释。

本 章 小 结

1）Java 中的标识符要遵循命名规则，并遵循见名知义的原则。

2）Java 中的基本数据类型丰富，使用时要根据实际情况选择合适的数据类型。

3）变量是存储数据的基本单元。变量要先声明再使用。变量声明的位置决定了变量的作用域，变量的生命周期受到其作用域的限制。

4）Java 提供各种类型的运算符。

5）编写程序要遵循编码规范。

习题 2

一、简答题

1．Java 标识符有什么规定？

2．“&”与“&&”有什么区别？

3．在 Java 语言中，逻辑常量有哪些值？

二、选择题

1．在 Java 中，整数类型包括（　　）。

A．int、byte 和 char　　B．int、short、long、byte 和 char

C．int、short、long 和 char　　D．int、short、long 和 byte

2．下面的代码段执行之后，i 和 j 的值是（　　）。

```
int i=1;
int j;
j=i++;
```

A．1, 1　　B．1, 2　　C．2, 1　　D．2, 2

3．下列不是有效标识符的是（　　）。

A．userName　　B．2test

C．change4　　D．_password

4．下列程序段的执行结果是（　　）。

```
boolean a=false;
boolean b=true;
boolean c=(a&&b)&&(!b);
boolean result=(a&b)&(!b);
```

A．c=false，result=false　　B．c=true，result=true
C．c=true，result=false　　D．c=false，result=true

5．下列声明语句错误的是（　　）。

A．char c=97;　　B．char c='\u0061';
C．char c='A';　　D．char c="a";

三、填空题

1．下列程序段执行后，b、x、y 的值分别为________。

```
int x=6,y=8;
boolean b;
b=++x==--y;
b=x>y||b;
```

2．下列程序段执行后，b3 的结果是________。

```
boolean b1=true,b2,b3;
b3=b1?b1:b2;
```

习题 2 参考答案

四、程序设计题

1．编写一个程序，接收用户输入的一行字符串，然后将输入的字符串重复输出 3 行。

2．使用 Math 类的 random()函数输出 3 个 1～9 之间的整数，模拟实现体育彩票“排列 3”的号码。

第3章 流程控制结构

学习指南

通过对本章的学习，掌握流程控制的 3 种结构实现语句。

难点重点

- 选择结构程序设计。
- 循环结构程序设计。
- 转向控制语句。

结构化程序设计原则是公认的面向过程编程应遵循的原则，它使得程序段的逻辑结构清晰、层次分明，有效地改善了局部程序段的可读性和可靠性，保证了质量，提高了开发效率。结构化程序设计的基本原则是，任何程序都可以且只能由 3 种基本流程结构构成，即顺序结构、选择结构和循环结构。

3.1 顺序结构程序设计

顺序结构就是程序从上到下一句句向下执行，中间没有跳转和循环，直到程序结束，是 3 种控制结构中最简单的一种。例如：

```
int a,b;
a=5;
b=8;
a=a+b;
…
```

3.2 选择结构程序设计

选择语句使部分程序代码在满足特定条件的情况下才会被执行。Java 语言支持两种选择语句：if…else 语句和 switch 语句。

3.2.1 if…else 语句

if…else 语句是 Java 中的选择语句，也称为条件分支语句，它能根据条件选择两条路径中的一条去执行。if…else 语句的完整格式如下：

微课：流程控制（选择结构）

```
if(条件表达式)
   语句 1;
else 语句 2;
```

其中，条件表达式可以是任何返回布尔值的表达式。if…else 语句的执行过程如下：如果条件为真，就执行语句 1，否则，执行语句 2。任何时候两条语句都不可能同时执行。

在使用 if…else 语句时，有以下注意事项。

1）if 后面的表达式必须是布尔表达式，而不能是数字类型。例如：

```
int x=0;
if(x){            //编译出错
   System.out.println("x 不等于 0");
}else{
   System.out.println("x 等于 0");
}
```

正确的做法是将 if(x)改为 if(x!=0)。

2）else 语句是可选的，例如，以下 if 语句后面没有 else 语句：

```
int x=0;
if(x==5){
   System.out.println("x 的值是 5");
   return;
}
```

3）if 语句和 else 语句可以是单个语句，也可以是程序块。如果 if 语句或 else 语句的程序代码块中有多条语句，则必须将其放在大括号{}内；若程序代码块中只有一条语句，则可以不用大括号。在编写或阅读程序时，应该注意 if 表达式后面是否有大括号。例如，下面的语句 if(a>b)后面没有大括号，所以只有“a++”属于选择语句的一部分。

```
int a=8;b=5;
if(a>b)
   a++;
b--;
```

【例 3-1】使用 if…else 语句判断某一年是否为闰年。

```
import java.io.*;
public class LeapYear{
   public static void main(String[] args)throws IOException
   {
```

```
        int y;
        String s,leap;
        System.out.print("请输入一个年份值：");
        BufferedReader br=new BufferedReader(new
                          InputStreamReader(System.in));
        s=br.readLine();
        y=Integer.parseInt(s);
        if((y%4==0)&&(y%100!=0)||(y%400==0))
          leap="是";
        else leap="不是";
        System.out.println(y+"年"+leap+"闰年。");
    }
  }
```

输入年份 1900，程序运行结果如下：

```
请输入一个年份值：1900
1900 年不是闰年。
```

3.2.2 嵌套的 if 语句

嵌套的 if 语句是指该 if 语句为另一个 if 语句或者 else 语句的子句，在编程时经常要用到嵌套的 if 语句。当使用嵌套 if 语句时，需记住的要点是，一个 else 语句总是与同一个块中最近的且没有 else 语句相对应的 if 语句相对应。例如：

```
if(i==10)
{
   if(j<20) a<b;            //没有 else 语句与之对应
   if(k>100) a=b;
   else a=c;                //与 if(k>100)相对应
}
else a=d;                   //与 if(i==10)相对应
```

在例 3-1 中，判断闰年可使用嵌套的 if 语句：

```
if(y%4==0){
   if(y%100==0){
     if(y%400==0)
        leap="是";
     else leap="不是";
   }else leap="是";
}else leap="不是";
```

从代码来看此种方式很复杂，但是执行效率较高，因为当(y%4==0)不成立时 if 子句不再执行，直接执行 else 子句。而如果采用例 3-1 所示的布尔表达式，则不论 y 取什么值，都要执行这个复杂的布尔表达式，从而降低了运行效率。

3.2.3 if…else if…else 语句

在 else 语句中嵌套 if 语句的结构称为 if…else if…else 阶梯结构，其语法格式如下：

```
if(条件表达式 1)
   语句 1;
else if(条件表达式 2)
   语句 2;
else if(条件表达式 3)
   语句 3;
…
else 语句 n;
```

条件表达式从上到下依次求值，一旦找到值为真的条件，就执行与它相关联的语句，该嵌套结构的其他语句则被忽略了。如果所有条件的值都不为真，则执行最后的 else 语句。如果没有最后的 else 语句，则程序就不做任何操作。

【例 3-2】输入月份值，输出所对应的季节。

```
import java.io.*;
public class SeasonTest {
  public static void main(String[] args) throws IOException
  {
    int i;
    String s,season;
    System.out.print("请输入一个月份：");
    BufferedReader br=new BufferedReader(new
                    InputStreamReader(System.in));
    s=br.readLine();
    i=Integer.parseInt(s);
    if(i==12||i==1||i==2) season="冬季";
    else if(i==3||i==4||i==5) season="春季";
    else if(i==6||i==7||i==8) season="夏季";
    else if(i==9||i==10||i==11) season="秋季";
    else season="错误的月份";
    System.out.println(i+"月份是"+ season);
  }
}
```

程序运行结果如下：

```
请输入一个月份：5
5 月份是春季
```

3.2.4 switch 语句

switch 语句是 Java 的多路分支语句。它根据表达式的值来选择执行程序的不同分支。switch 语句的通用形式如下：

```
switch(表达式){
   case 常量 1: 语句块 1;break;
   case 常量 2: 语句块 2;break;
   case 常量 3: 语句块 3;break;
   ...
   default:    语句块 n;break;
}
```

表达式必须是 byte、short、int 或 char 型。每个 case 语句后的常量必须是与表达式类型兼容的特定的一个常量（它必须为一个常量，而不是变量），并且常量的值是不允许重复的。

switch 语句的执行过程如下：首先计算表达式的值，再与每个 case 语句中的常量作比较。如果找到一个与之相匹配的，则执行该 case 语句后的代码。如果没有一个常量与表达式的值相匹配，则执行 default 语句。在 switch 语句中最多只能有一个 default 语句，当然，default 语句是可选的。如果没有相匹配的 case 语句，也没有 default 子句，则程序不做任何操作。

case 语句序列中的 break 语句使程序流程从整个 switch 语句退出。当遇到一个 break 语句时，程序将终止执行 switch 语句，而从整个 switch 语句后的第一行代码开始继续执行，达到“跳出”switch 语句的效果。break 语句是可选的，如果省略了 break 语句，则程序会继续执行其他 case 语句，有时需要多个 case 语句之间没有 break 语句，例如下面的程序。

【例 3-3】 使用 switch 语句实现例 3-2 的功能。

```
import java.io.*;
public class SeasonTest2{
   public static void main(String[] args) throws IOException
   {
      int i;
      String s,season;
      System.out.print("请输入一个月份: ");
      BufferedReader br=new BufferedReader(new
                       InputStreamReader(System.in));
      s=br.readLine();
      i=Integer.parseInt(s);
      switch(i){
         case 12:
         case 1:
```

```
        case 2:
          season="冬季";
          break;
        case 3:
        case 4:
        case 5:
          season="春季";
          break;
        case 6:
        case 7:
        case 8:
          season="夏季";
          break;
        case 9:
        case 10:
        case 11:
          season="秋季";
          break;
        default:
          season="错误的月份";
      }
      System.out.println(i+"月份是"+ season);
    }
  }
```

尝试将 break 语句去掉，分析得到的结果。

可以将一个 switch 语句作为一个外部 switch 语句的语句序列的一部分，称为嵌套的 switch 语句。因为一个 switch 语句定义了自己的语句块，外层 switch 语句和内层 switch 语句的 case 常量不会产生冲突。例如，下面的程序段是完全正确的：

```
switch(i){
  case 0:
    switch(j){
      case 0:
        System.out.println("j 的值是 0");
        break;
      case 1:
        System.out.println("j 的值是 1");
        break;
    }
    break;
  case 1:
}
```

在本示例中，内层 switch 语句中的 case 1 语句与外层 switch 语句中的 case 1 语句不冲突。变量 i 仅与外层的 case 语句相比较，如果变量 i 为 1，则变量 j 与内层的 case 语句相比较。

3.3 循环结构程序设计

循环语句的作用是反复执行一段代码，直到不满足循环条件为止。循环语句一般包括如下 4 部分内容。

1）初始化部分：用来设置循环的一些初始条件，如设置循环控制变量的初始值。

2）循环条件：这是一个布尔表达式。每一次循环都要对该表达式求值，以判断继续循环还是终止循环。这个布尔表达式通常会包含循环控制变量。

3）循环体：这是循环操作的主体，可以是一条语句，也可以是多条语句。

4）迭代部分：通常属于循环体的一部分，用来改变循环控制变量的值，从而改变循环条件表达式的布尔值。

Java 语言提供 3 种循环语句：while 语句、do…while 语句和 for 语句。

3.3.1 while 语句

while 语句语法格式如下：

```
[初始化部分]
while(循环条件){
   循环体，包括迭代部分
}
```

微课：流程控制（while 循环）

其中，初始化部分是可选的。如果代表循环条件的布尔表达式的值为 true，则重复执行循环体，否则终止循环。

【例 3-4】 计算 1+2+3+…+n 的值。

```
import java.io.*;
public class  AddTest{
   public static void main(String[] args) throws IOException
   {
      int n;
      long sum=0;
      String s;
      System.out.print("请输入一个整数：");
      BufferedReader br=new BufferedReader(new
                        InputStreamReader(System.in));
      s=br.readLine();
      n=Integer.parseInt(s);
      if(n<=0) System.out.println("无效的整数。");
```

```
        else{
            int i=1;
            while(i<=n)
            {
                sum=sum+i;
                i++;
            }
            System.out.println("1+2+3+…+"+n+"="+sum);
        }
    }
}
```

运行程序，当输入 500 时，程序运行结果如下：

```
请输入一个整数：500
1+2+3+…+500=125250
```

在使用 while 语句时，需注意以下事项。

1）如果循环体包含多条语句，则必须将其放在大括号内。如果循环体只有一条语句，则可以不用大括号。

2）while 语句在循环前先计算循环条件表达式，若表达式的值为 false，则循环体一次也不会执行。例如，以下循环体一次也不会执行：

```
int a=10,b=20;
while(a>b)
    System.out.println("a>b");
```

3）while 语句（或者 for 语句和 do…while 语句）的循环体可以为空，这是因为一个空语句（仅由一个分号组成的语句）在语法上是合法的。例如：

```
int i=50,j=100;
while(++i<--j);
System.out.println("i 和 j 的中间数是"+i);
```

以上程序段的作用是找出变量 i 和变量 j 的中间数。其运行结果是 75。该程序段中的 while 语句没有循环体，而循环条件中包含了需要重复的操作。

4）对于 while 语句（或者 for 语句和 do…while 语句），应该确保提供能够终止循环的条件，避免死循环（即永远不会终止的循环，或者称为无限循环）。例如，以下 while 语句会导致死循环：

```
int a=5,b=10;
while(a<b) b++;
```

3.3.2 do…while 语句

do…while 语句首先执行循环体，然后判断循环条件。其基本语法格式如下：

```
[初始化部分]
do{
   循环体,包括迭代部分
}while(循环条件);
```

其中，初始化部分是可选的。在任何情况下，do…while 语句都会至少执行一次循环体，然后判断循环条件。如果代表循环条件的布尔表达式的值为 true，则继续执行循环体，否则终止循环。

【例 3-5】输入一个字符串，输出它所对应的 Unicode 编码值。

```
import java.io.*;
public class DoWhileTest{
  public static void main(String[] args) throws IOException
  {
    int n;
    char c;
    System.out.print("请输入一个字符串，以'#'结束：");
    BufferedReader br=new BufferedReader(new
                         InputStreamReader(System.in));
    do{
      n=br.read();
      c=(char)n;
      System.out.println("字符“"+c+"”的编码是："+n);
    }while(c!='#');
  }
}
```

程序运行结果如下：

```
请输入一个字符串，以'#'结束：你好#
字符“你”的编码是：20320
字符“好”的编码是：22909
字符“#”的编码是：35
```

3.3.3 for 语句

for 语句与 while 语句一样，也是先判断循环条件，再执行循环体。其基本语法格式如下：

微课：流程控制（for 循环）

```
for(初始化部分;循环条件;迭代部分){
   循环体;
}
```

在执行 for 语句时先执行初始化部分，通常这是设置循环控制变量值的一个表达式，这部分只会被执行一次。接下来计算作为循环条件的布尔表达式，如果其结果为 true，则执行循环体，接着执行迭代部分，如此反复。在计算作为循环条件的布尔表达式时，如果其结果为假，则循环终止。

【例 3-6】 输入一个整数 n，判断它是不是素数。

```
import java.io.*;
public class PrimeNum{
  public static void main(String[] args) throws IOException
  {
    int n;
    String s;
    boolean b;
    System.out.print("请输入一个整数：");
    BufferedReader br=new BufferedReader(new
                        InputStreamReader(System.in));
    s=br.readLine();
    n=Integer.parseInt(s);
    b=true;
    for(int i=2;i<n;i++)
      if(n%i==0) b=false;
    if(b) System.out.println(n+"是素数");
    else System.out.println(n+"不是素数");
  }
}
```

在本例中，b 表示“是”或“不是”素数，初始状态下，认为任何一个数都是素数，所以 b 的初值为 true，一旦找到一个数 i 使 n%i==0 成立，则 i 是 n 的因子，因此 b 变为 false。事实上，任何一个数的因子都是成对的，所以可以将 for 循环的控制条件改为 i<Math.sqrt(n)，这样可大大减少循环次数，提高程序的执行效率。

在使用 for 语句时，需注意以下事项。

1）如果 for 语句的循环体只有一条语句，则可以不用大括号。

2）在初始化部分和迭代部分可以使用逗号语句。逗号语句是用逗号分隔的语句序列。例如：

```
for(int i=0,j=100;i<j;i++,j--) s=s+i+j;
```

3）for 语句的初始化部分、循环条件或者迭代部分都可以为空，但是每个条件之间的分号不可少。例如：

```
int i=0,s=0;
for(;i<100;){
  s=s+i;
  i++;
}
```

则该语句退化为 while 循环。

3.3.4 循环的嵌套

for 语句、while 语句和 do…while 语句可以相互嵌套，组成多重循环。

【例 3-7】输出如下图形。

```
*********
*******
*****
***
*
```

```
public class Nested{
   public static void main(String[] args)
   {
      for(int i=0;i<9;i++,i++)
      {
         for(int j=i;j<9;j++)
            System.out.print("*");
         System.out.println();
      }
   }
}
```

【例 3-8】如果一个数的所有因子（包括 1，但不包括这个数本身）之和等于这个数，则该数称为完数。例如，6=1×2×3，6=1+2+3，所以 6 是完数。编程输出 n 以内的所有完数。

```
import java.io.*;
public class PerfectNum{
   public static void main(String[] args) throws IOException
   {
      int n;
      String s;
      System.out.print("请输入一个整数 n：");
      BufferedReader br=new BufferedReader(new
                        InputStreamReader(System.in));
      s=br.readLine();
      n=Integer.parseInt(s);
      for(int i=1;i<=n;i++)
      {
         int j=0;
         for(int k=1;k<=i/2;k++)
            if(i%k==0) j=j+k;
         if(i==j) System.out.print(i+"\t");
```

```
        }
      }
    }
```

输入 10000 时，程序运行结果如下：

```
请输入一个整数 n：10000
6   28   496   8128
```

3.4 转向控制语句

Java 支持 3 种转向控制语句：break、continue 和 return。这些语句将控制流程转移到程序的其他部分。

3.4.1 break 语句

在 Java 中，break 语句有 3 种作用：第一，在 switch 语句中用来终止一个语句序列；第二，用来结束本层循环；第三，break 加上语句标号，作为一种 goto 语句来使用。第一种用法前面已经讨论过，下面对后两种用法进行说明。

1．使用 break 语句退出循环

可以使用 break 语句直接强行退出循环，忽略循环体中的任何其他语句和循环条件的判断。当循环中遇到 break 语句时，循环终止，程序控制流程跳转到循环后面的语句开始执行。下面是一个简单的例子。

【例 3-9】使用 break 语句退出循环。

```
public class BreakLoop1{
  public static void main(String[] args)
  {
    for(int i=0;i<=50;i++)
    {
      if(i==10) break;
      System.out.print(i+"  ");
    }
    System.out.println("循环结束");
  }
}
```

程序运行结果如下：

```
0  1  2  3  4  5  6  7  8  9  循环结束
```

由程序运行结果可以看出，尽管 for 循环被设计为从 0 执行到 50，但是当 i 等于 10 时，程序执行 break 语句，循环终止。

break 语句可用于任何 Java 循环，包括有意设置的无限循环。例如，可将例 3-9 所示程序用 while 循环改写，见例 3-10。

【例 3-10】使用 break 语句结束无限 while 循环。

```
public class BreakLoop2{
   public static void main(String[] args)
   {
      int i=0;
      while(true)
      {
         if(i==10) break;
         System.out.print(i+"  ");
         i++;
      }
      System.out.println("循环结束");
   }
}
```

程序运行结果（与例 3-9 的运行结果相同）如下：

```
0  1  2  3  4  5  6  7  8  9  循环结束
```

由程序运行结果可以看出，尽管 while 循环被设计为死循环，但是当 i 等于 10 时，程序执行 break 语句，循环终止。

需要注意的是，break 语句的作用是结束本层循环，所以在一系列嵌套循环中使用 break 语句时，它将仅仅终止本层的循环。

【例 3-11】break 语句在多层循环中的使用。

```
public class BreakLoop3{
   public static void main(String[] args)
   {
      for(int i=1;i<=3;i++)
      {
         System.out.print("外部循环第"+i+"次：");
         for(int j=1;j<=100;j++)
         {
            if(j==10) break;
            System.out.print(j+"  ");
         }
         System.out.println();
      }
      System.out.println("循环结束！");
   }
}
```

程序运行结果如下：

```
外部循环第 1 次：1  2  3  4  5  6  7  8  9
外部循环第 2 次：1  2  3  4  5  6  7  8  9
外部循环第 3 次：1  2  3  4  5  6  7  8  9
循环结束！
```

从程序运行结果可以看出，内层循环中的 break 语句仅仅终止了内层循环，外层循环不受影响。

需要说明的是，一个循环中可以有一个以上的 break 语句，但是太多的 break 语句会破坏代码的结构。另外，switch 语句中的 break 仅仅影响该 switch 语句，而不会影响其中的任何循环。

注意： *break 语句不是用来提供一种正常的终止循环的方法，循环的条件语句是专门用来终止循环的，只有在某些特殊的情况下，才用 break 语句来终止一个循环。*

2．带标号的 break 语句

break 语句除了在 switch 语句和循环结构中使用之外，还能作为一种变相的 goto 语句来使用。Java 中没有 goto 语句，因为 goto 语句提供了一种改变程序执行流程的非结构化方式，这通常使程序难以理解和维护。但是，在有些地方，goto 语句对构造流程控制是有效的而且方便。例如，当从嵌套很深的循环中退出时，goto 语句就很有帮助。因此，Java 定义了 break 语句的一种扩展形式来处理这种情况。使用这种形式的 break 语句，可以终止一个或者几个代码块，这些代码块不必是一个循环或一个 switch 语句的一部分，它们可以是任何的块。另外，这种形式的 break 语句带有标号，可以明确指定程序从何处重新开始执行，并避免了 goto 语句带来的麻烦。

带标号的 break 语句的通用语法格式如下：

```
break 标号名;
```

标号是标示代码块的标签。要指定一个代码块，只需要在其开头加一个标号即可。标号可以是任何合法有效的 Java 标识符后跟一个冒号。一旦给一个代码块加上标号，就可以使用这个标号作为 Java 语句的标识了。

当执行带标号的 break 语句时，程序流程跳出指定的代码块，从加标号的代码块的结尾重新开始。加标号的代码块必须包含 break 语句，但不必是直接包含 break 语句的代码块，也就是说，可以使用一个加标号的 break 语句退出一系列的嵌套块，但是不能使用 break 语句跳出不包含 break 语句的代码块。

【例 3-12】 带标号的 break 语句的使用。

```
public class BreakLabel{
  public static void main(String[] args)
  {
    boolean b=true;
    first:{
```

```
            second:{
               third:{
                  System.out.println("这是在break语句之前。");
                  if(b) break second;
                  System.out.println("这条语句将不会被执行。");
               }
               System.out.println("这条语句将不会被执行。");
            }
            System.out.println("这条语句在second语句块之后。");
         }
      }
   }
```

程序运行结果如下：

```
这是在break语句之前。
这条语句在second语句块之后。
```

例 3-12 中有 3 个嵌套块，每一个都有它自己的标号。break 语句使程序的流程跳出了标号为 second 的代码块，跳过了两个 println 语句。

3.4.2 continue 语句

当想要继续运行循环，但是要忽略这次循环的循环体中剩余的语句时，可以使用 continue 语句提前结束本层循环。continue 语句是 break 语句的补充。在 3 种循环结构中，continue 语句使程序流程直接跳转到控制循环的条件表达式，循环体内任何剩余的代码将被忽略，然后继续循环过程。

【例 3-13】 continue 语句的使用。

```
public class ContinueTest{
   public static void main(String[] args)
   {
      for(int i=0;i<10;i++)
      {
         System.out.print(i+"  ");
         if(i%2==0) continue;
         System.out.println();
      }
   }
}
```

程序运行结果如下：

```
0  1
2  3
```

```
4 5
6 7
8 9
```

该程序使用模（%）运算来检验变量 i 能否被 2 整除，如果能则换行，不能则结束本层循环，不再执行 println 语句，从而达到每行输出两个数的目的。

continue 语句也可以加上标号用来指明结束的是哪层循环。

3.4.3 return 语句

return 语句用来明确地使控制流程从一个方法返回，因此，将它分类为跳转语句。在一个方法的任何地方，return 语句可用来使正在执行的分支程序返回到调用它的方法。

【例 3-14】 return 语句的使用。

```
public class ReturnTest{
   public static void main(String[] args)
   {
      boolean b=true;
      System.out.println("这在 return 语句之前。");
      if(b) return;          //返回到调用它的方法中
      System.out.println("这在 return 语句之后。");
   }
}
```

程序运行结果如下：

```
这在 return 语句之前。
```

由于是 Java 运行时系统调用 main()，因此，return 语句使程序执行返回到 Java 运行时系统，第二条输出语句没有被执行。

本 章 小 结

本章详细介绍了 Java 语言的各种流程控制语句，包括 if…else 语句、switch 语句、while 语句、do…while 语句和 for 语句的语法结构和使用方法，还介绍了用于提前结束循环的 break、continue 和 return 等跳转语句。通过本章的学习，读者应能够编写较为简单的 Java 程序，完成一些面向过程的基本操作。

习题 3

一、简答题

1. 结构化程序由哪 3 种基本流程结构构成？分别对应 Java 中的哪些语句？

2．在一个循环中使用 break 语句、continue 语句和 return 语句有什么不同的效果？

二、选择题

1．下列语句序列执行后，k 的值是（　　）。

```
int i=10,j=18,k=30;
switch(j-i)
{
   case 8 : k++;
   case 9 : k+=2;
   case 10: k+=3;
   default : k/=j;
}
```

A．31　　B．33　　C．2　　D．3

2．下列语句序列执行后，x 的值是（　　）。

```
int a=3,b=4,x=5;
if(++a<b) x=x+1;
```

A．5　　B．3　　C．4　　D．6

3．下列语句序列执行后，k 的值是（　　）。

```
int i=6,j=8,k=10,n=5,m=7;
if(i<j||m<n) k++;
else k--;
```

A．9　　B．10　　C．11　　D．12

4．下列语句序列执行后，r 的值是（　　）。

```
char ch='8';int r=10;
switch(ch+1){
   case '7': r=r+3;
   case '8': r=r+5;
   case '9': r=r+6; break;
   default: ;
}
```

A．13　　B．15　　C．16　　D．10

三、填空题

1．以下程序段运行后，m 的值是________。

```
int m=14;
int n=63;
while(m!=n){
```

```
    while(m>n){
        m=m-n;
    }
    while(n>m){
        n=n-m;
    }
}
```

2．以下程序段的输出结果为________。

```
Boolean b1=new Boolean(true);
Boolean b2=new Boolean(true);
if(b1==b2)
    if(b1.equals(b2))
        System.out.println("a");
    else
        System.out.println("b");
else
    if(b1.equals(b2))
        System.out.println("c");
    else
        System.out.println("d");
```

3．以下程序段的输出结果为________。

```
int j=2;
switch(j)
{
    case  2  : System.out.println("Value is two.");
    case  2+1: System.out.println("Value is three.");
               break;
    default  : System.out.println("Value is"+j);
               break;
}
```

四、程序设计题

1．用 while 语句编写程序，计算 1～200 之间的所有 3 的倍数之和。

2．编写程序实现如下功能：从键盘输入 3 个非负整数，判断它们能否成为三角形三条边的边长。

3．一个非负整数 n 的阶乘定义为 $n!=1\times2\times3\times\cdots\times n$，编程实现如下功能。

1）从键盘输入一个非负整数，计算并输出它的阶乘。

2）使用下列公式估算数学常量 e 的近似值，精确到 10^{-6}。

$$e=1+1/1!+1/2!+1/3!\cdots$$

4．从键盘输入两个非负整数作为上、下限，输出上、下限之间的所有素数。

5．使用循环结构输出九九乘法表。

6．使用循环结构输出如下图形。

```
   *
  ***
 *****
*******
 *****
  ***
   *
```

习题 3 参考答案

第4章 Java面向对象程序设计基础

学习指南

本章首先介绍Java面向对象程序设计的基本概念，主要包括类的定义及类的基本特性（封装、继承、多态）；然后通过引入抽象类和接口技术实现类的多态，使用包对多个类进行结构组织；最后介绍几种常用的内部类。通过对本章的学习，应掌握类的基本构建过程，了解类的组织结构，掌握类的特性和面向对象的编程思想。

难点重点

- 面向对象的基本概念和编程思想。
- 类的定义和基本概念。
- 类的继承和多态。
- final 的用法。
- 包的定义和引用。
- 访问修饰符的使用。
- 常见的内部类。

4.1 面向对象技术的基本概念

面向对象（object oriented，OO）是当前计算机领域关心的重点，它是当代软件开发方法的主流。面向对象的概念和应用已超越了程序设计和软件开发，扩展到很宽的范围，如数据库系统、交互式界面、应用结构、应用平台、分布式系统、网络管理结构、人工智能等领域。

1．面向过程与面向对象

面向过程与面向对象是计算机软件开发领域两种基本的处理问题的方法。因其在处理实际问题时的思考方式不同，常被用来作为计算机软件设计的两种代表思路。

（1）面向过程

面向过程其实就是按照事件发展的先后顺序进行编程。设计程序时，首先分析事务处理的基本步骤，然后一步步实现整个过程。

（2）面向对象

面向对象是指把所有的事物都看作对象。设计程序时，首先把涉及的事物抽象成对象，把事物之间的关系抽象成类和继承，最终把现实世界抽象成数学模型，以便在计算机中表示。

2. 面向对象软件开发方法

面向对象软件开发方法是一种把面向对象的思想应用于软件开发过程，指导开发活动的系统方法，简称面向对象方法，是建立在“对象”概念基础上的方法学。对象是由数据和操作组成的封装体，与客观实体有直接对应关系。一个对象类定义了具有相似性质的一组对象。继承性是对具有层次关系的类的属性和操作进行共享的一种方式。面向对象就是基于对象概念，以对象为中心，以类和继承为构造机制来认识、理解、刻画客观世界和设计、构建相应的软件系统。

面向对象的基本概念如下。

（1）对象

对象是要研究的任何事物。世界上的所有事物都可以被看作对象，它既能表示有形的实体，也能表示无形的（抽象的）规则、计划或事件。对象是由数据（描述事物的属性）和作用于数据的操作（体现事物的行为）构成的一个独立整体。从程序设计者的角度来看，对象是一个程序模块；从用户的角度来看，对象为他们提供所希望的行为。

（2）类

类是对象的模板，即类是对一组有相同数据和相同操作的对象的定义，一个类所包含的方法和数据描述一组对象的共同行为和属性。类是对象的抽象，对象则是类的具体化，是类的实例。

（3）继承

继承（inheritance）是指，在某种情况下，一个类会有子类。子类比原本的类（称为父类）要更加具体化，子类会继承父类的属性和行为，同时可包含它们自己的属性和行为，这意味着程序员只需要将相同的代码写一次。

（4）封装

封装是面向对象方法的一个重要原则。它有两个含义：一是指把对象的属性和行为看成一个密不可分的整体，将这两者封装在一个不可分割的独立单位（即对象）中；二是指信息隐蔽，即把不需要让外界知道的信息隐藏起来。有些对象的属性及行为允许外界知道或使用，但不允许更改；有些对象的属性及行为则不允许外界知道，或只允许使用功能，而尽可能隐藏功能实现的细节。

（5）多态

多态（polymorphism）是指由继承而产生的相关的不同的类，其对象对同一消息会做出不同的响应。多态描述的是同一个行为方法可以根据执行行为方法的对象不同而产生不同的行为方式。Java通过方法重载、成员覆盖和接口等概念来实现多态。

3. 面向对象分析

面向对象主张从客观世界固有的事物出发来构造系统，提倡用人类在现实生活中常用的思维方法来认识、理解和描述客观事物，强调最终建立的系统能够映射问题域，也就是说，系统中的对象及对象之间的关系能够如实地反映问题域中的固有事物及其关系。面向对象的方法恰好可以使程序设计按照人们通常的思维方式来建立问题域的模型，设计出尽可能自然地表现求解方法的软件。

4.2 类的定义

Java 程序的基本单位是类，建立类之后，就可用它来建立许多需要的对象。Java 把每一个可执行的成分都转化成类。类的数据成员可以是基本类型的数据，如 int、float 等类型的变量；也可以是复合类型，如数组型；还可以是一个类的实例化对象。类提供外界访问类成员的权限，将其成员声明为公有的、私有的、被保护的等多种不同情况。用户可自定义类，然后使用类实例化对象，以实现用类这种数据类型去解决问题的目的。

4.2.1 类的定义格式

一个类的定义包含两部分内容：类的声明和类体。一个完整类的定义格式如下：

```
[访问权限] [final] [static] class 类名 [extends 父类名] [implements 接口名]
{
  定义成员变量
  定义成员方法
}
```

在类的声明部分，关键字 class 后跟类名和类体。类名用标识符表示，类体用一对大括号括起来。类体包含类的成员变量和成员方法，也可以仅包含其中一种。对类的成员可以设置访问权限，以限定其他对象对它的访问，访问权限可以有 private（私有的）、protected（被保护的）、public（公有的）和包访问权限。上述定义中用[ ]括起来的部分为可选项，可以省略。

【例 4-1】定义一个 CubeBox 类。它包括 4 个成员变量，即 String 型的盒子颜色，以及 double 型的盒子宽度、高度、深度。它包括两个成员方法：计算盒子体积的方法 getVolume()，返回一个 double 型的计算结果；显示盒子信息的方法 showBoxMessage()，无返回值。

```
//定义一个 CubeBox 类
package ch04;
class CubeBox
{
  private String color;                                     //盒子的颜色
  private double width;                                     //盒子的宽度
  private double height;                                    //盒子的高度
  private double depth;                                     //盒子的深度
  public double getVolume()                                 //计算盒子的体积
```

```
    {
      return width*height*depth;
    }
    public void showBoxMessage( )                  //输出盒子的各种信息
    {
      System.out.println("盒子的颜色: "+color);
      System.out.println("盒子的宽度: "+width);
      System.out.println("盒子的高度: "+height);
      System.out.println("盒子的深度: "+depth);
    }
  }
```

【例 4-2】定义一个 Circle 类，成员变量 x、y 和 radius 表示圆心的坐标和圆的半径，成员方法 drawCircle()和 eraseCircle()分别表示画圆和删除圆。其中，与类名相同的两个方法为构造方法，可以用来创建 Circle 类的对象。

```
package ch04;
public class Circle
{
  private double x;                              //成员变量
  private double y;
  private double radius;
  public Circle()                                //构造方法
  {
    x=0;
    y=0;
    radius=0;
  }
  public Circle(double x1,double y1,double radius1)   //构造方法
  {
    x=x1;
    y=y1;
    radius=radius1;
  }
  public void drawCircle()
  {  //输出圆心的坐标和圆的半径
    System.out.println("圆的中心点坐标:"+x+","+y+";圆的半径:"+radius);
  }
  public void eraseCircle()
  {
    System.out.println("删除圆! ");      //删除圆
    x=0;
    y=0;
```

```
        radius=0;
    }
}
```

类由成员变量和成员方法组成，它们都有自己的格式，具体如下。

1. 成员变量

成员变量表示一个类的属性，其定义格式如下：

```
[访问权限] [final] [static] 类型 变量名
```

其中，成员变量的类型和名称是必须要定义的，其他均为可选项，可以省略。

说明：

1）类型：用于说明成员变量的类型，可以是基本的数据类型，如 int、float、boolean 等，也可以是其他复合类型，如数组、类或接口。

2）访问权限：表示对成员变量的访问控制，有 4 种类型，即 package（默认）、public、protected、private。由 public 修饰的成员变量可以被所有类直接访问。由 protected 修饰的成员变量可以被这个类本身、它的子类及同一个包中的类直接访问。由 package 修饰的成员变量可以被这个类本身和同一个包中的类直接访问。由 private 修饰的成员变量只能被这个类本身直接访问，其他类均不能访问。

3）static：说明该变量为类的对象所共有的变量，省略时为普通的在对象中使用的变量。

4）final：表示值不能被改变的量，用来表示常量。用 final 限定的常量，在程序中初始化赋值之后不能改变它的值。通常，常量名用大写字母表示。例如：

```
final float PI =3.14159f;
```

【例 4-3】 定义类中的成员变量并为其赋值。

```
package ch04;
public class BianLiang_test
{
    public static final int CHANGLIANG=24;
    boolean pip=true;              //访问控制默认为package成员
    protected int x;
    public int y;
    private int num_value=0;
    Circle circle=new Circle();
}
```

说明： BianLiang_test 类中定义了一些成员变量，对于成员变量的初始化，可以在定义的同时完成赋值。

2. 成员方法

方法表示类所具有的功能或行为，是一段用来完成某些操作的程序片段。方法是语言中的基础函数。

（1）方法的定义

方法的定义包括 4 个部分：方法名、返回值的数据类型、参数列表、方法的主体。

其语法格式如下：

```
[访问权限] [final] [static] [abstract] 返回值的数据类型 方法名({参数列表})
{
    局部变量的声明;
    合法的 Java 表达式语句;
    [return 返回值];
}
```

注意：访问权限与成员变量类似，也有 4 个访问级别，即 public、protected、package、private，默认为 package。

最基本的方法声明包括方法名和返回值的数据类型，例如：

```
float area()
{
    ...
}
```

如果方法具有返回类型，则必须使用关键字 return 返回值。如果方法没有返回值，则应当使用 void。方法命名时必须遵循如下规则。

1）首字母使用小写，不能为 Java 关键字。

2）不能包含空格、点号“.”及除下划线“_”、美元符号“$”之外的特殊字符。

3）不能以数字开头。

final()方法不能被子类重新定义；abstract()方法为抽象方法，抽象方法只有方法声明，没有方法体。后续章节会对 final()方法和 abstract()方法做详细介绍。

【例 4-4】 定义一个方法，输出 5 行“Hello!”。

```
public class ShowHello{
    /*
     * 这是一个测试方法用法的程序
     */
    public static void main(String[] args){
        System.out.println("请输出 5 行 Hello! 字符串");
        show();
    }
    public static void show() //类内定义的函数 show()
    {
```

```
        for(int i=1;i<=5;i++){
            System.out.println("Hello! ");
        }
    }
}
```

程序运行结果如下：

```
请输出 5 行 Hello! 字符串
Hello!
Hello!
Hello!
Hello!
Hello!
```

方法根据是否带参、是否带返回值，可分为以下 4 类：无参无返回值方法、无参带返回值方法、带参无返回值方法、带参带返回值方法。例 4-4 演示了无参无返回值方法的用法。

（2）方法的调用

对于无参方法的调用，通常调用方法为一个语句。例如，返回值的调用通常放在表达式中，如例 4-5 所示。

【例 4-5】 定义一个方法，用于求出任意数的阶乘。

```
import java.io.*;
public class CountFact{
    /*
     * 这是一个演示方法调用的程序
     * @throws IOException
     */
    public static void main(String[] args) throws IOException{
        System.out.print("请输入一个整数n: ");  //输入待求阶乘的数
        BufferedReader br=new BufferedReader(new
                        InputStreamReader(System.in));
        String s=br.readLine();               //读取输入的数
        int n=Integer.parseInt(s);            //将输入的数值型字符转换为整型数
        long result=fact(n);  //调用 fact()方法，并将输入的值传入 fact()方法
        System.out.println(s+"的阶乘是"+result);
    }
    public static long fact(int m)
    //类内定义的函数 fact()，并将输入的数值传递给 m
    {
        long number=1;
        for(int i=1;i<=m;i++){
          number=number*i;
```

```
        }
        return number;
    }
}
```

程序运行结果如下：

```
请输入一个整数n：5
5的阶乘是120
```

注意：

1）如果方法的返回类型为void，则方法不能使用return返回值。

2）方法的返回值最多只能有一个，不能返回多个值。

3）方法返回值的类型必须兼容，例如，如果返回值类型为int，则不能返回String型值。

（3）方法的参数传递

在方法调用时，往往需要向方法传入参数。定义方法时的参数称为形参，用来定义方法需要传入的参数个数和类型；调用方法时的参数称为实参，用于传递给方法真正被处理的值。

【例4-6】带参方法的定义和调用，输出要求行数的“hello”。

```
import java.io.*;
public class ShowHello2 {
    /*
     * 这是一个测试方法参数传递的程序
     * @throws IOException
     */
    public static void main(String[] args) throws IOException{
        System.out.print("请输入一个整数n："); //输入显示hello的行数
        BufferedReader br=new BufferedReader(new
                        InputStreamReader(System.in));
        String s=br.readLine();              //读取输入的数
        int n=Integer.parseInt(s);           //将输入的数值型字符转换为整型数
        show(n);              //调用show()方法，并将输入的值传入show()方法
    }
    public static  void show(int m)
    //类内定义的函数show()，并将输入的数值传递给m
    {
        for(int i=1;i<=m;i++){
            System.out.println("Hello! ");
        }
    }
}
```

程序运行结果如下：

```
请输入一个整数 n：3
Hello!
Hello!
Hello!
```

注意：

1）调用带参方法时，必须保证实参的数量、类型、顺序与形参一一对应。

2）调用方法时，实参不需要指定数据类型。

3）方法的参数可以是基本数据类型，如 int、double 等；也可以是引用数据类型，如 String、数组等。

4）当方法的参数有多个时，多个参数以逗号分隔。

【例 4-7】 定义一个求面积的程序，可以直接运行，本例用到了类中定义的方法。

```
package ch04;
public class SquareDouble
{
  public static void main(String args[]) //主方法
  {
    double a;
    for(int x=0;x<=10;x++)
    {
      a=x/10.0;
      System.out.println("a="+a+";a*a="+square(a));
    }
  }
  public static double square(double y)  //类中定义的方法
  {
    return y*y;
  }
}
```

说明： static 成员方法只能调用 static 成员方法和由 static 修饰的成员变量。

（4）方法的重载

方法的重载是多态性的一种。例如，让一个人执行“求面积”操作时，他可能会问求什么的面积？功能多态性是指可以向功能传递不同的消息，以便让对象根据相应的消息来产生相应的行为。对象的功能通过类的方法来体现，那么功能的多态性就是方法的重载。方法重载的意思是，一个类中可以有多个同名方法，但这些方法的参数必须不同，即参数的个数不同或者参数的类型不同。

【例 4-8】 方法的重载。

```
public class Overload{
  public static void main(String args[])
  {
```

```
        System.out.println("边长为 5 的正方形面积为："+area(5));
        System.out.println("长为 3，宽为 5 的长方形面积为"+area(3,5));
    }
    public static double area(double a)
    {
        return a*a;
    }
    public static double area(double a,double b)
    {
        return a*b;
    }
}
```

程序运行结果如下：

```
边长为 5 的正方形面积为：25.0
长为 3，宽为 5 的长方形面积为 15.0
```

在例 4-8 中，main()方法调用两次 area()方法，但实际结果显示 area(5)和 area(3,5)调用的是两个不同的 area()方法。

【例 4-9】 定义两个同名方法 square()，区别在于方法参数类型不同，一个是整型，另一个为双精度类型。

```
package ch04;
public class Method_overload
{
    public static void main(String  args[])
    {
        System.out.println("整型数值构成的面积为："+square(23));
        System.out.println("双精度数值构成的面积为："+square(23.5));
    }
    public static int square(int x)
    {
        return x*x;
    }
    public static double square(double y)
    {
        return y*y;
    }
}
```

4.2.2 对象的定义与使用

1. 对象的定义

定义类之后，就可以用这个类定义类对象了。面向对象编程就是生成多个对象，这些对象通过方法传递来进行数据交流，最终完成复杂的任务。对象的生成通常包括声明对象变量、实例化对象和初始化对象 3 个步骤。

语法格式如下：

```
类名 对象名=new 类名([参数列表]);
```

例如，用一个 Child 类创建对象：

```
Child chi=new Child("小明",21,"1987-1-3");
```

2. 对象的使用方法

创建对象之后，可以使用对象完成一些功能。例如，从对象获取一些信息、改变对象的属性、让对象完成某些操作等。这些功能可以通过调用访问对象的成员变量或调用对象的方法来实现。

【例 4-10】定义一个 CubeBox 类，构造方法完成赋值运算，getVolume()方法用于获得长、宽、高的乘积值，showBoxMessage()方法用于输出各个变量的值。

```
//CubeBox.java
package ch04;
class CubeBox
{
  String color;                      //盒子的颜色
  double width;                      //盒子的宽度
  double height;                     //盒子的高度
  double depth;                      //盒子的深度
  public CubeBox(String color,double width,double height,double depth)
  {
    this.color=color;
    this.width=width;
    this.height=height;
    this.depth=depth;
  }
  public double getVolume()      //计算盒子的体积
  {
    return width*height*depth;
  }
  public void showBoxMessage() //输出盒子的各种信息
  {
    System.out.println("盒子的颜色："+color);
    System.out.println("盒子的宽度："+width);
    System.out.println("盒子的高度："+height);
    System.out.println("盒子的深度："+depth);
  }
}
```

```
//McubeBox.java
package ch04;
public class McubeBox
{
  public static void main(String args[])
  {
    CubeBox mybox=new CubeBox("红色",12.0,14.0,16.0);
    double volume_value;
    volume_value=mybox.getVolume();
    mybox.color="绿";
    mybox.width=13.0;
    mybox.height=16.0;
    mybox.depth=18.0;
    mybox.showBoxMessage();
  }
}
```

3．清除对象

当对象不再使用后，应该删除该对象，以释放它所占用的内存。在 C 语言中，通过 free 关键字来释放内存；在 C++语言中，则通过 delete 运算符来释放内存。这种内存管理方法需要跟踪内存的使用情况，如果忘记释放内存，则系统最终会因为内存耗尽而崩溃。为了解决这类问题，Java 采用自动垃圾收集的方法进行内存管理，编程人员不需要跟踪每个对象，减少了编程人员的工作量。

4.2.3 构造方法

微课：构造方法

构造方法在类中是一种特殊的方法，专门用来创建对象，并完成对象的初始化工作，这就是构造的功能。构造方法的特点如下。

1）构造方法的名称与所在类的名称相同。

2）构造方法没有返回值，在方法声明部分不能写返回类型，也不能写 void。

3）构造方法只能用 new 运算符调用，用户不能直接调用构造方法。

4）每个类中至少有一个构造方法。

5）定义类时如果没有定义构造方法，运行时系统会自动为该类定义默认的构造方法（称为默认构造方法）。默认构造方法没有任何参数，并且方法体为空，它不做任何操作。

【例 4-11】构造方法的具体使用。在类 Gouzao 中定义两个重载的构造方法。

```
package ch04;
public class Gouzao{
private int x;
public Gouzao()
```

```
    {
      x=69;
    }
    public Gouzao(int y)
    {
      x=y;
    }
    public void showValue()
    {
      System.out.println("x 的值是: "+ x);
    }
    public static void main(String args[])
    {
      Gouzao g=new Gouzao();
      g.showValue();
      Gouzao g2=new Gouzao(10);
      g2.showValue();}
    }
```

如果类中有多个构造方法，则彼此之间可以互相调用完成类对象的初始化。在构造方法中，可以使用 this 关键字调用成员变量和其他构造方法，以避免编写大量复杂的代码。this 关键字的详细用法后面会介绍。

【例 4-12】在 Child 类的构造方法中使用 this 关键字完成重载。

```
package ch04;
public class Child
{
  private String name;
  private int age;
  private String birthDay;
  public Child(String name,int age,String birthDay)
  {
    this.name=name;
    this.age=age;
    this.birthDay=birthDay;
  }
  public Child(String name,int age)
  {
    this(name,age,"");
  }
  public Child(String name, String birthDay)
  {
```

```
      this(name,18,birthDay);
   }
   public Child(String name)
   {
      this(name,18);
   }
   public String show_child()
   {
      String message;
      message="小孩的名字:"+name+";小孩的年龄:"+age+
              ";小孩的生日:"+birthDay;
      return message;
   }
}
```

4.3 get 访问器和 set 访问器

用类创建对象后，对属性值的获取和设置非常频繁，这就需要采用一些方法来统一属性的存取和设置过程。为了使程序规范，易于理解，Java 创建了两种访问器：一种是 get 访问器，另一种是 set 访问器，两种访问器分别对应类中的 getter 方法和 setter 方法，用于获取属性值和设置属性值。

setter 方法和 getter 方法是用于封装的，一般会把类变量声明成 private，这样只有类成员自身可以直接访问这个变量，而此类外部成员不能直接访问，于是 getter 和 setter 就成为从类成员外部访问这些变量的手段。因为 getter 方法和 setter 方法是 public 的，可以从类成员外部进行访问，所以要取得属性的值就可以用 getter，要改变值就用 setter。

如果属性名是 xxx（一般属性首字母小写），那么除 boolean 型外，它的 getter 方法名为 getXxx，setter 方法名为 setXxx；如果它是 boolean 型，那么它的 getter 方法名为 isXxx，setter 方法仍为 setXxx。

注意： *方法名中的属性名首字母大写。*

【例 4-13】 get 访问器和 set 访问器的具体用法。在本例中，Person 类内部有 4 个 set 访问器和 4 个 get 访问器。

```
package ch04;
public class Person{
   private int age;                //属性变量年龄，只可以写
   private double weight;          //属性变量体重，既可以读又可以写
   private double hight;           //属性变量身高，既可以读又可以写
   private boolean sex;
   public int getAge(){
      return age;
```

```
    }
    public void setAge(int age){
        this.age=age;
    }
    public double getWeight(){
        return weight;
    }
    public void setWeight(double weight){
        this.weight=weight;
    }
    public double getHight(){
        return hight;
    }
    public void setHight(double hight){
        this.hight=hight;
    }
    public boolean isSex(){
        return sex;
    }
    public void setSex(boolean sex){
        this.sex=sex;
    }
    public static void main(String[] args){
        Person person=new Person();         //创建对象
        person.setAge(26);                  //通过 set 访问器设置属性变量值
        person.setHight(125.0);
        person.setWeight(180.0);
        person.setSex(true);                //true 值代表男
        System.out.println(person.getAge()); //通过 3 个 get 访问器返回属性值
        System.out.println(person.getHight());
        System.out.println(person.getWeight());
        System.out.println(person.isSex()?"男":"女");
    }
}
```

4.4 继 承 性

继承性是子类自动共享父类属性变量和方法的机制，这是类之间的一种关系。定义和实现一个类，可以在一个已有类的基础上进行。在软件开发中，类的继承性使所建立的软件具有开放性、可扩充性，它简化了对象、类的创建工作量，增加了代码的可重用性。

微课：继承的基本概念

4.4.1 子类的创建

类继承也称为类派生，指一个类可以继承其他类的成员，包括成员变量和成员方法。被继承的类称为父类或超类，继承后产生的类称为派生类或子类。在 Java 语言中都是让自定义的类继承已有的类。所有类都是通过直接或间接地继承java.lang.Object类得到的。在继承的规模方面，Java 类只允许单继承，即只允许每个类有一个父类，不允许有多个父类，但一个类可以有多个子类。类继承并不改变成员的访问权限，父类的成员为公有的、私有的或被保护的，其子类成员访问权限仍为公有的、私有的或被保护的。

类继承用关键字 extends 实现，语法格式如下：

```
[修饰符] subClassName extends superClassName
{
   类体;
}
```

其中，subClassName 为子类名，superClassName 为父类名，extends 表示继承。在类的定义过程中，如果没有使用 extends 关键字，则默认该类继承于 Object 类。子类继承父类，但父类的有些成员变量和方法子类不能继承。

子类继承父类的规则归纳如下：

1）子类能够继承父类中的 public 和 protected 成员。

2）子类不能继承父类中的 private 私有成员。

3）子类能够继承父类中没有访问控制符的成员，只要子类和父类在同一个包中。

4）子类不能继承父类中的构造方法。

【例 4-14】 继承的实现实例 MainExtend.java。

```
package ch04;
class B
{
   int b1=1;
   public int b2=2;
   protected int b3=3;
   private int b4=4;
   int getb4()
   {
      return b4;
   }
}
class A extends B
{
   int a=5;
   int sum()
   {
```

```
        return b1+b2+b3+getb4()+a;
    }
}
class MainExtend
{
    public static void main(String args[])
    {
        B bb=new B();
        System.out.println("B:"+bb.b1+" "+bb.b2+" "+bb.b3+" "+bb.getb4());
        A aa=new A();
        System.out.println("A:"+aa.b1+" "+aa.b2+" "+aa.b3 +" "+aa.getb4()
                        +" "+aa.a+" "+aa.sum());
    }
}
```

当子类中声明了与父类同名的成员变量时，父类的成员变量就被子类的成员变量所隐藏。当子类定义的方法与父类中的方法具有相同的方法名、相同的参数和相同的返回值类型时，则父类的方法被重写。

【例 4-15】 定义小学生类 StuChild 继承小孩类 Children，包含继承中的添加、隐藏、重写功能。(ChildMain.java)

```
package ch04;
class Children
{
    String name="小明";
    int age=12;
    int num;
    public void getcontent()
    {
        System.out.println("name: "+name+"age: "+age);
    }
}
class StuChild extends Children
{
    int num;                                    //隐藏了父类中的num变量
    String knowledge_child="小学六年级知识结构";    //添加学生掌握的知识属性
    public void getcontent()                    //重写了父类的方法
    {
        System.out.println("name: "+name+"age: "+age);
        System.out.println("学生掌握的知识信息是: "+knowledge_child);
    }
}
public class ChildMain
```

```
{
   public static void main(String[] args)
   {
      StuChild chi=new StuChild();
      chi.getcontent();
   }
}
```

4.4.2 this 关键字和 super 关键字的用法

创建子类对象时，使用子类的构造方法对其进行初始化，不但要对自身的成员变量赋初值，而且要对继承自父类的成员变量赋初值。为了区分父与子之间的关系，规定用 this 关键字表示当前类的构造方法名，用 super 关键字表示父类的构造方法名。super 关键字用于引用父类，如果子类隐藏了父类的成员变量或重写了父类的方法又需要使用，就需要借助 super 关键字来实现对父类成员的访问。

微课：关键字 this 和 super 的三种用法

【例 4-16】建立类 A 和类 B，其中 B 是 A 的子类。在主类中对 B 进行初始化的同时完成对父类 A 中成员的初始化工作。

```
package ch04.part2;
class A
{
   private int a;
   A(){a=0;}                              //父类的第一个构造方法
   A(int i){a=i;}                         //父类的第二个构造方法
   int geta(){return a;}
}
class B extends A
{
   float b1,b2;
   B(){this(12.1f,13.2f);}
                     //子类的第一个构造方法用 this 间接调用第二个构造方法
   B(float d1,float d2){b1=d1;b2=d2;}
   B(int i,float d1,float d2){super(i);b1=d1;b2=d2;}
                                              //super 代表父类的构造方法
   B(int i,float d){super(i);b1=d;}
                                  //使用子类构造方法的同时调用父类构造方法
   B(float d){super(4);b2=d;}
}
class MainExtends
{
   public static void main(String args[])
```

```
    {
        B bb1=new B();                  //实际上调用的是子类中的第二个构造方法
        System.out.println(bb1.geta()+" "+bb1.b1+" "+bb1.b2);
        B bb2=new B(4.2f,3.3f);
        System.out.println(bb2.geta()+" "+bb2.b1+" "+bb2.b2);
        B bb3=new B(6,4.5f,5.86f);
                                     //同时调用父类构造方法 super(6)完成对父类初始化
        System.out.println(bb3.geta()+" "+bb3.b1+" "+bb3.b2);
        B bb4=new B(8,6.8f);
        System.out.println(bb4.geta()+" "+bb4.b1+" "+bb4.b2);
        B bb5=new B(89.7f);
        System.out.println(bb5.geta()+" "+bb5.b1+" "+bb5.b2);
    }
}
```

1．this

在 Java 中，this 关键字只能用于方法体内。当一个对象创建后，Java 虚拟机就会给这个对象分配一个引用自身的指针，这个指针的名称就是 this。因此，this 只能在类中的非静态方法中使用，静态方法和静态的代码块中不允许出现 this。this 只与特定的对象关联，而不与类关联，同一个类的不同对象有不同的 this。

this 的用法大体可以分为以下 3 种：

1）普通的直接引用，this 相当于指向当前对象本身。

2）形参与成员名称重名，用 this 来区分。

【例 4-17】 建立类 Person，在 GetAge(int age)方法中，age 是 GetAge 成员方法的形参，this.age 是 Person 类的成员变量。

```
package ch04.part2;
class Person{
   private int age=10;
   public Person(){
      System.out.println("初始化年龄："+age);
   }
   public int GetAge(int age){
      this.age=age;
      return this.age;
   }
}
public class Test1{
   public static void main(String[] args){
      Person Harry=new Person();
      System.out.println("Harry's age is "+Harry.GetAge(12));
```

```
    }
}
```

3）引用本类的构造方法。

this(参数)：调用本类中另一种形式的构造方法。

2．super

super 可以理解为指向父类对象的一个指针，而这个父类指的是离自己最近的一个父类。

super 也有 3 种用法。

1）普通的直接引用。与 this 类似，super 相当于指向当前对象的父类，这样就可以用 super.xxx 的形式来引用父类的成员。

2）子类中的成员变量或方法与父类中的成员变量或方法同名时可以使用 super 引用父类的成员。

【例 4-18】建立父类 Country 和其子类 City，在子类 City 中使用 super.value()调用父类的 value()方法，使用 super.name 调用父类的 name 属性。

```
package ch04;
class Country{
   String name;
   void value(){
      name="China";
   }
}
class City extends Country{
   String name;
   void value(){
      name="Shanghai";
      super.value();                        //调用父类的 value()方法
      System.out.println(name);
      System.out.println(super.name);       //调用父类的 name 属性
   }
   public static void main(String[] args){
      City c=new City();
      c.value();
   }
}
```

3）引用父类的构造方法。

super(参数)：调用父类中的某一个构造方法。

【例 4-19】构造父类 Man 和子类 Chinese，用 super 和 this 分别调用父类的构造方法和本类中其他形式的构造方法。

```
package ch04;
class Man{
   public static void prt(String s){
      System.out.println(s);
   }
   Man(){
      prt("父类·无参数构造方法：A Man.");
   }//构造方法(1)
   Man(String name){
      prt("父类·含一个参数的构造方法：A Man's name is "+name);
   }//构造方法(2)
}
public class Chinese extends Man{
   Chinese(){
      super();                          //调用父类构造方法(1)
      prt("子类·调用父类无参数构造方法：A chinese coder.");
   }
   Chinese(String name){
      super(name);                      //调用父类具有相同形参的构造方法(2)
      prt("子类·调用父类含一个参数的构造方法：his name is "+name);
   }
   Chinese(String name, int age){
      this(name);                       //调用具有相同形参的构造方法(3)
      prt("子类：调用子类具有相同形参的构造方法：his age is "+age);
   }
   public static void main(String[] args){
      Chinese cn=new Chinese();
      cn=new Chinese("codersai");
      cn=new Chinese("codersai", 18);
   }
}
```

4.4.3 继承与组合

1. 继承和组合的概念

继承：A 继承 B，说明 A 是 B 的一种，并且 B 的所有行为对 A 都有意义。

组合：若在逻辑上 A 是 B 的一部分，则不允许 B 从 A 派生，而要用 A 和其他对象组合出 B。

2. 继承和组合的优点和缺点

（1）继承的优点和缺点

优点：容易进行新的实现，因为父类成员大多数可继承而来；易于修改或扩展那些被复用的实现。

缺点：破坏了封装性，因为这会将父类的实现细节暴露给子类；“白盒”复用，因为父类的内部细节对于子类而言通常是可见的；当父类的实现更改时，子类也不得不随之更改；从父类继承来的实现将不能在运行期间改变。

（2）组合的优点和缺点

优点：容器类仅能通过被包含对象的接口来对其进行访问；“黑盒”复用，因为被包含对象的内部细节对外不可见；封装性好；实现上的相互依赖性比较小（被包含对象与容器对象之间的依赖关系比较少）；每一个类只专注于一项任务；通过获取指向其他具有相同类型的对象引用，可以在运行期间动态地定义（对象的）组合。

缺点：导致系统中的对象过多；为了能将多个不同的对象作为组合块（composition block）来使用，必须仔细地对接口进行定义。

3. 两者的选择

is-a 关系用继承表达，has-a 关系用组合表达。继承体现的是一种专门化的概念，而组合是一种组装的概念。确定是组合还是继承，较简便的方法是询问是否需要新类向上映射，也就是说当想重用原类作为新类的内部实现时，最好自己组合；如果不仅想重用内部实现，而且想重用接口，就用继承。

4. 法则

优先使用（对象）组合，而非（类）继承。

【例 4-20】继承和组合实例。

```
package ch04;
//InheritTest.java 使用继承方式实现目标
class Animal{
   private void beat(){
      System.out.println("心脏跳动…");
   }
   public void breath(){
      beat();
      System.out.println("吸一口气，呼一口气，呼吸中…");
   }
}
//创建 Bird 类，继承 Animal，直接复用父类的 breath()方法
class Bird extends Animal{
   //创建子类独有的方法 fly()
   public void fly(){
      System.out.println("我是鸟，我在天空中自由飞翔…");
   }
}
```

```
//创建Wolf类，继承Animal，直接复用父类的breath()方法
class Wolf extends Animal{
   //创建子类独有的方法run()
   public void run(){
      System.out.println("我是狼，我在草原上快速奔跑…");
   }
}
public class InheritTest{
   public static void main(String[] args){
      //创建继承自Animal的Bird对象新实例b
      Bird b=new Bird();
      //新对象实例b可以breath()
      b.breath();
      //新对象实例b可以fly()
      b.fly();
      Wolf w=new Wolf();
      w.breath();
      w.run();
   }
}
package ch04.part2;
//CompositeTest.java  使用组合方式实现目标
class Animal{
   private void beat(){
      System.out.println("心脏跳动…");
   }
   public void breath(){
      beat();
      System.out.println("吸一口气，呼一口气，呼吸中…");
   }
}
class Bird{
   //定义一个Animal成员变量，以供组合使用
   private Animal a;
   //使用构造方法初始化成员变量
   public Bird(Animal a){
      this.a=a;
   }
   //通过调用成员变量的固有方法（a.breath()）使新类具有相同的功能（breath()）
   public void breath(){
      a.breath();
   }
```

```
    //为新类增加新的方法
    public void fly(){
        System.out.println("我是鸟，我在天空中自由飞翔…");
    }
}
class Wolf{
    private Animal a;
    public Wolf(Animal a){
        this.a=a;
    }
    public void breath(){
        a.breath();
    }
    public void run(){
        System.out.println("我是狼，我在草原上快速奔跑…");
    }
}
public class CompositeTest{
    public static void main(String[] args){
        //显式创建被组合的对象实例 a1
        Animal a1=new Animal();
        //以 a1 为基础组合出新对象实例 b
        Bird b=new Bird(a1);
        //新对象实例 b 可以 breath()
        b.breath();
        //新对象实例 b 可以 fly()
        b.fly();
        Animal a2=new Animal();
        Wolf w=new Wolf(a2);
        w.breath();
        w.run();
    }
}
```

4.5 多 态 性

面向对象编程有三大特性：封装、继承、多态。

封装隐藏了类的内部实现机制，可以在不影响使用的情况下改变类的内部结构，同时保护了数据。对于外界而言，它的内部细节是隐藏的，暴露给外界的只是它的访问方法。

继承是为了重用父类代码。两个类若存在 is-a 的关系就可以使用继承，同时继承也为实现多态做了铺垫。

多态是指程序中定义的引用变量所指向的具体类型和通过该引用变量发出的方法调用在编程时并不确定，而是在程序运行期间才确定，即一个引用变量到底会指向哪个类的实例对象，该引用变量发出的方法调用到底是哪个类中实现的方法，必须在程序运行期间才能决定。因为在程序运行时才确定具体的类，这样不用修改源程序代码，就可以让引用变量绑定到各种不同的类实现上，从而促使该引用调用的具体方法随之改变，即不修改程序代码就可以改变程序运行时所绑定的具体代码，让程序可以选择多个运行状态，这就是多态性。

4.5.1 方法的覆盖

基于继承的实现机制主要表现在父类和继承该父类的一个或多个子类对某些方法的重写，多个子类对同一方法的重写可以表现出不同的行为。

【例 4-21】方法的覆盖实例。

```
package ch04.part2;
class Wine{
    private String name;
    public String getName(){
        return name;
    }
    public void setName(String name){
        this.name=name;
    }
    public Wine(){
    }
    public String drink(){
        return "喝的是 "+getName();
    }
    public String toString(){
        return null;
    }
}
class JNC extends Wine{
    public JNC(){
        setName("JNC");
    }
    public String drink(){
        return "喝的是 "+getName();
    }
    public String toString(){
        return "Wine : "+getName();
```

```
    }
}
class JGJ extends Wine{
    public JGJ(){
        setName("JGJ");
    }
    public String drink(){
        return "喝的是 "+getName();
    }
    public String toString(){
        return "Wine : "+getName();
    }
}
public class Test2{
    public static void main(String[] args){
        //定义父类数组
        Wine[] wines=new Wine[2];
        //定义两个子类
        JNC jnc=new JNC();
        JGJ jgj=new JGJ();
        //父类引用子类对象
        wines[0]=jnc;
        wines[1]=jgj;
        for(int i=0;i<2;i++){
            System.out.println(wines[i].toString()+"--"+wines[i].drink());
        }
        System.out.println("-------------------------------");
    }
}
```

对于多态可以总结如下：

指向子类的父类引用由于向上转型了，它只能访问父类拥有的方法和属性，而对于子类存在而父类不存在的方法，该引用是不能使用的，尽管是重载该方法。若子类重写了父类的某些方法，在调用这些方法时，必定是使用子类定义的这些方法（动态连接、动态调用）。

对于面向对象而言，多态分为编译时多态和运行时多态。其中，编译时多态是静态的，主要是指方法的重载，它根据参数列表的不同来区分不同的函数，通过编译之后会变成两个不同的函数，在运行时谈不上多态。运行时多态是动态的，它是通过动态绑定来实现的，也就是我们所说的多态性。

4.5.2 变量的隐藏

父类和子类拥有相同名称的属性或方法时，父类的同名属性或方法形式上不见了，实际是存在的。隐藏是对于静态方法和成员变量而言的。

1）当发生隐藏的时候，声明类型是什么类，就调用对应类的属性或者方法，而不会发生动态绑定。

2）属性只能被隐藏，不能被覆盖。

3）变量可以交叉隐藏：子类的实例/静态变量可以隐藏父类的实例/静态变量。

隐藏和覆盖的区别在于：

1）被隐藏的属性。在子类被强制转换成父类后，子类访问的是父类的属性；在无强制转换时，子类要访问父类的属性使用 super 关键字。

2）被覆盖的方法。在子类被强制转换成父类后，子类调用的还是子类自身的方法；子类要想访问父类的方法，可以使用 super 关键字。

【例 4-22】变量的隐藏实例。

```
package ch04.part2;
public class Test3{
   public static void main(String[] args){
      Circle circle=new Circle();//本类引用指向本类对象
      Shape shape=new Circle();  //父类引用指向子类对象(会有隐藏和覆盖)
      System.out.println(circle.name);
      circle.printType();
      circle.printName();
      //以上均调用 Circle 类的方法和引用
      System.out.println(shape.name);     //调用父类被隐藏的 name 属性
      shape.printType();                  //调用子类 printType()方法
      shape.printName();                  //调用父类隐藏的 printName()方法
   }
}
class Shape{
   public String name="shape";
   public Shape(){
      System.out.println("shape constructor");
   }
   public void printType(){
      System.out.println("this is shape");
   }
   public static void printName(){
      System.out.println("shape");
   }
}
class Circle extends Shape{
   public String name="circle";         //父类属性被隐藏
   public Circle(){
      System.out.println("circle constructor");
   }
```

```
    //对父类实例方法的覆盖
    public void printType(){
      System.out.println("this is circle");
    }
    //对父类静态方法的隐藏
    public static void printName(){
      System.out.println("circle");
    }
}
```

4.6 final关键字的用法

final关键字用于修饰类、方法和变量。用final修饰的类不能被继承，即final类没有子类。用final修饰的方法不能被改写，即子类的方法名不能与父类的final方法同名。用final修饰的变量定义时必须同时初始化且在程序中值不能改变，即final变量是常量。

【例4-23】final在程序中的具体用法。类A是final类，它有一个父类是B。

```
package ch04.part3;
final class A extends B  //定义类A为final类，继承自类B，不能再被其他类继承
{
  final double PI=3.14159;
  final double area(double r){return (PI*r*r);}
}
class B
{
  final double PI=3.14159;
  final double tiji(double r){return (PI*r*r*r);}
}
class final_test
{
  public static void main(String args[])
  {
    A a=new A();                              //建立A的对象
    System.out.println("area="+a.area(5.2));  //A中的方法调用
    System.out.println("area="+a.tiji(2.5));  //B中的方法调用
  }
}
```

4.7 抽象与接口

抽象类与接口是Java语言中对抽象概念进行定义的两种机制，正是它们赋予Java

强大的面向对象能力。两者对抽象概念的支持很相似，甚至可以互换，但是也有区别。

4.7.1 抽象方法与抽象类

abstract 修饰符可以修饰类和方法。用 abstract 修饰的方法称为抽象方法。抽象方法只有方法的返回值类型、名称和参数，没有具体的执行体。抽象方法是完全没有实现的方法，必须要在其子类中具体描述方法的实现过程。在类中不能用 abstract 修饰构造方法、static 静态方法和私有方法，也不能重写父类的抽象方法。

用 abstract 修饰的类称为抽象类，在使用抽象类时需要注意以下几点：

1）抽象类不能被实例化，实例化的工作应该交由它的子类来完成，它只需要有一个引用即可。

2）抽象方法必须由子类进行重写。

3）一个类即使只包含一个抽象方法，也必须要定义成抽象类，不管其是否还包含其他方法。

4）抽象类可以包含具体的方法，同时，作为抽象类，也可以不包含抽象方法。

5）子类的抽象方法不能与父类的抽象方法同名。

6）abstract 不能与 final 并列修饰同一个类。

7）abstract 不能与 private、static、final 或 native 并列修饰同一个方法。

【例 4-24】 定义抽象类 Shape，然后分别定义 Circle 类和 Square 类继承 Shape 类，实现其中的抽象方法。

```
package ch04.part3;
abstract class Shape                  //定义抽象类
{
   abstract void draw();              //定义抽象方法
   void delete()                      //普通方法
   {System.out.println("Shape.draw()方法");}
}
class Circle extends Shape            //定义一个类继承抽象类并重写抽象类的方法
{
   void draw(){System.out.println("circle.draw()方法");}
   void delete(){System.out.println("circle.delete()方法");}
   void pip(){super.delete();}
}
class Square extends Shape            //定义另一个类继承抽象类并重写抽象类的方法
{
   void draw(){System.out.println("square.draw()方法");}
   void delete(){System.out.println("square.delete()方法");}
}
public class SquareMain               //定义主类
{
   public static void main(String args[])
```

```
    {
        Square sq=new Square();         //创建对象
        Circle ci=new Circle();
        ci.draw();                      //分别调用两个类对象中的方法
        ci.delete();
        ci.pip();
        sq.draw();
        sq.delete();
    }
}
```

下面再看一个例子以加深对抽象类和抽象方法的理解。

【例 4-25】一个类继承抽象类之后，要实现其中的抽象方法。

```
package ch04.part4;
abstract class A                        //定义抽象类A
{
    abstract void show();               //内部有两个重载的抽象方法
    abstract void show(int i);
}
class B extends A
{
    int x;
    void show(){System.out.println("x="+x);}
    void show(int i)
    {
        x=i;
        System.out.println("x="+x);
    }
}
class AbstractUse
{
    public static void main(String args[])
    {
        B b=new B();
        b.show();
        b.show(9);
    }
}
```

4.7.2 接口的定义

接口是方法的声明和常量的集合。接口是类似于类的一种结构，也可以看作一种完全没有实现的类。接口的定义格式与类的定义格式相似：

```
[修饰符] interface 接口名称 [extends 接口列表]
{
   方法说明和静态常量;
}
```

接口中定义的方法均为抽象的、公有的方法，仅有方法的声明部分，没有方法的实现部分。接口中定义的变量均为最终的、静态的和公有的常量。由于接口所有成员均具有这些属性，所以成员前面的修饰符都省略了，取默认属性。extends 关键字的作用与类声明中的 extends 关键字作用基本相同，仅有一点不同：一个接口可以有多个父接口，中间用逗号分隔，而一个类只能有一个父类。子接口继承父接口中的所有常量和方法。

4.7.3 接口的实现

接口把方法的定义和类的层次关系区分开。通过它，可以在运行时动态地定位所调用的方法。接口可以实现多重继承，且一个类可以实现多个接口，这正是 Java 中多继承机制所在。用一个类实现接口的关键字为 implements。

在类中实现接口中的方法时，方法的声明必须与接口中所定义的完全相同，即名称和参数的数量及类型完全一致，并且类要将接口中所有的未实现方法全部重新定义实现。

【例 4-26】定义接口的结构。AirPlane 类继承了 CubeBox 类，并且实现了 Flyer 接口。

```
package ch04;//flyer.java
public interface Flyer
{
  public void takeoff();                          //起飞
  public void land();                             //降落
  public void fly();                              //飞翔
}
package ch04;                                     //AirPlane.java
public class AirPlane extends CubeBox implements Flyer
{
  public void takeoff(){System.out.println("飞机起飞！");}
  public void land(){System.out.println("飞机降落！");}
  public void fly(){System.out.println("飞机飞翔！");}
}
```

【例 4-27】创建接口 A，并用类 B 实现它，最后在主类中定义类 B 的对象 b，通过 b.showf()来查看接口中未实现的 showf()方法的执行结果。

```
package ch04.part5;
interface A
{
  float f=8.4f;              //形式上是变量，实质上是常量
  void showf();              //未实现的方法（抽象方法）
```

```
}
class B implements A
{
   public void showf()
   {
      System.out.println("f="+f);
   }
}
class InterfaceMain
{
   public static void main(String args[])
   {
      B b=new B();
      b.showf();
   }
}
```

4.7.4 接口示例

1. 接口的继承与组合

与类相似，接口可以继承。一个接口通过 extends 关键字可以继承另一个接口，也可以继承多个接口。因为接口之间的继承是全盘继承，所以有一种说法——接口的继承又称接口的组合。

【例 4-28】具体实现接口的继承与组合。

```
package ch04.part6;
interface A                          //定义接口 A
{
   int a=1;
   void showa();
}
interface B extends A                //定义接口 B 继承 A
{
   int b=2;
   void showb();
}
interface C
{
   int c=3;
   void showc();
}
interface D extends B,C              //定义接口 D 继承 B 和 C，实现接口的多继承
{
```

```
    int d=4;
    void showd();
}
class E implements D      //定义类E实现接口D，则可以同时实现接口A、B、C
{
    int e=5;
    public void showa(){System.out.println("a="+a);}
    public void showb(){System.out.println("b="+b);}
    public void showc(){System.out.println("c="+c);}
    public void showd(){System.out.println("d="+d);}
    public void showe(){System.out.println("e="+e);}
}
class InterfaceZuhe       //定义主类
{
    public static void main(String args[])
    {
        E ee=new E();     //创建E类的对象ee,将E类实现父接口的所有方法输出
        ee.showa();
        ee.showb();
        ee.showc();
        ee.showd();
        ee.showe();
    }
}
```

2. 接口的多态

在接口中实现多态的原理与在类中实现多态的原理相同。

【例 4-29】在接口的实现过程中完成方法的重写，实现多态。

```
package ch04.part7;
interface A                                     //定义接口A
{
    public abstract String doSomething();      //定义抽象方法
}
abstract class B implements A                  //定义抽象类实现接口A
{
    public String doSomething( )               //实现接口A中的方法
    {
        return "goes to sleep";
    }
}
class C extends B{ }                  //定义C继承B,但C未做任何新动作
```

```
class D extends B              //定义D继承B，重写父类中从接口A中继承的方法
{
   public String doSomething()
   {
      return "plays the basketball";
   }
}
public class E extends C       //定义类E继承C
{
   public static void main(String[] args)
   {                             //这里用到了父类和子类对象之间的数据类型转换
      A[] myA=new A[3];          //定义接口A的对象数组，有3个元素
      myA[0]=new C();            //用C的构造方法为父接口对象初始化
      myA[1]=new D();            //用D的构造方法为父接口对象初始化
      myA[2]=new E();            //用E的构造方法为父接口对象初始化
      for(int i=0;i<3;i++)       //循环输出数组中每个元素的类名和函数值
      {
         System.out.println(myA[i].getClass()+" "+myA[i].doSomething());
      }
   }
}
```

4.8 包

包是一组相关的类或接口的集合，它提供了对类的访问权限进行包装的一种功能。包体现了 Java 面向对象编程特性中的封装机制。Java 程序的开发人员常将完成相关功能的一组类及接口放在一个包内。设计若干个不同的包，可以避免大量类的重名冲突，可以限定某些类允许其他包访问或不允许其他包访问，还可以定义类成员是否允许其他包中的类访问。Java 标准类库中的类或接口就是按包的结构来组织和管理的。例如，常用的包 java.net、java.io、java.util、java.lang、java.applet、javax.swing 等。这些包按功能进行划分，例如，java.net 包中的所有类和接口都与网络程序设计有关，java.io 包则与输入/输出功能有关。建立一个类时需要指定类所属的包，如果没有说明一个类属于哪个包，则这个类属于默认的包。

4.8.1 包的定义

创建一个包非常简单，只需要在 Java 源文件最开始包含一条 package 语句即可。package 后面可以出现嵌套的包结构，表示包含关系。其定义格式如下：

```
package pk1[.pk2[.pk3…]]
```

其中，package pk1[.pk2[.pk3…]]表示包的层次。包名一般用小写字母表示。pk1 包之下

允许有次一级的子包 pk2，pk2 之下允许有更次一级的子包 pk3，它们之间用“.”表示从属关系。

例如：

```
package vehicle;
class Car
{
   //…
}
class Truck
{
   //…
}
```

包是分层次管理的，包的名称与目录的名称相同。包内的 Java 源程序也分层次地存放在不同的目录下。例如，pk1 包的程序存放在 pk1 目录中，pk1.pk2 包的内容存放在 pk1/pk2 目录中，pk1.pk2.pk3 包的内容存放在 pk1/pk2/pk3 目录中。

4.8.2 包的引用

在包的所有类中，只有 public 类能够被外部的类访问。要想从包外使用包中的 public 类，有 3 种实现方法。

1. 使用全名引用包中的 public 类

若当前正在编写的 Java 源文件需要用到已经写好的其他类或者系统的 API 类，则需要通过“包名.类名”的方式使用。例如，已经建立了包 vehicle，在 vehicle 包中创建了 Car 类和 Truck 类，则

```
vehicle.Car newcar=new vehicle.Car();
```

2. 引进包中的类

在当前正在编写的 Java 源文件的第一行写上 import 关键字，表示引入某个包中的类或接口。例如：

```
import vehicle.Car;
public class Drive
{
   Car newcar=new Car();
}
```

3. 引进整个包

在当前正在编写的 Java 源文件的第一行写上“import 包名.*”，表示引入包中的所

有类。例如：

```
import vehicle.*;
public class Drive
{
   Car newcar=new Car();
   Truck newtruck=new Truck();
}
```

【例 4-30】包的具体使用。程序共有 3 个文件，分别为 A.java、B.java、C.java，在编译目录（默认为/src）中建立包 package1，在 package1 中建立子包 package2，形成嵌套结构 package1.package2。将源文件 C.java 创建在默认包中；将 A.java 放在 package1 包中；将 B.java 放入 package1.package2 包中。运行 C.class 就可以看到结果。

```
//A.java
package package1;
public class A
{
   int x;
   public void setx(int i){x=i;}
   public void showx(){System.out.println("x="+x);}
}
//B.java
package package1.package2;
public class B
{
   int y;
   public void sety(int i){y=i;}
   public void showy(){System.out.println("y="+y);}
}
//C.java
import package1.A;
import package1.package2.B;
class C
{
   public static void main(String args[])
   {
      A a=new A();
      a.setx(124);
      a.showx();
      B b=new B();
      b.sety(897);
      b.showy();
   }
}
```

4.8.3 访问控制修饰符的使用

Java 面向对象的基本思想之一是封装细节且公开接口。Java 语言采用访问控制修饰符来控制类及类的方法和变量的访问权限，从而向使用者暴露接口，但隐藏实现细节。访问控制分为 4 种级别。

1）public：用 public 修饰的类、类属变量及方法，包内及包外的任何类（包括子类和普通类）均可以访问。

2）protected：用 protected 修饰的类属变量及方法，包内的任何类及包外那些继承了该类的子类才能访问，protected 重点突出继承。

3）default：如果一个类、类属变量及方法没有用任何修饰符（即没有用 public、protected 及 private 中任何一种修饰符），则其访问权限为 default（默认访问权限）。默认访问权限的类、类属变量及方法，包内的任何类（包括继承了此类的子类）都可以访问，而包外的任何类都不能访问（包括包外继承了此类的子类）。default 重点突出包。

4）private：用 private 修饰的类属变量及方法，只有本类可以访问，而包内、包外的任何类均不能访问它。

4.9 static 关键字的用法

1．static 变量

static 变量也称作静态变量。静态变量和非静态变量的区别如下：静态变量被所有的对象所共享，在内存中只有一个副本，当且仅当在类初次加载时被初始化；而非静态变量是对象所拥有的，在创建对象时被初始化，存在多个副本，各个对象拥有的副本互不影响。static 成员变量的初始化按照定义的顺序进行。

【例 4-31】 static 成员变量实例。

```
package ch04;
class StaticExp1{
   static int a;
   int b;
   public static void main(String[] args){
      StaticExp1 x=new StaticExp1();
      StaticExp1 y=new StaticExp1();
      x.a=1;
      y.a=2;
      System.out.println("x 的属性 x.a="+x.a);
                                          //x.a 显示为 2;x,y 共享静态成员变量 a
      System.out.println("类StaticExp1 的属性StaticExp1.a="+StaticExp1.a);
                                 //也可以使用类 StaticExp1 对静态成员变量 a 进行访问
   }
}
```

2．static 方法

static 方法一般称作静态方法。由于静态方法不依赖于任何对象就可以进行访问，因此静态方法是没有 this 的。由于这个特性，在静态方法中不能访问类的非静态成员变量和非静态成员方法，因为非静态成员变量和非静态成员方法必须依赖具体的对象才能够被调用。

需要注意的是，虽然在静态方法中不能访问非静态成员方法和非静态成员变量，但是在非静态成员方法中是可以访问静态成员方法和静态成员变量的。

【例 4-32】 static 成员方法实例。

```
package ch04;
public class StaticExp2{
  static int a=2;
  int b=3;
  static void methodA()
  {
    System.out.println("methodA() running…");
  }
  void methodB()
  {
    System.out.print("methodB() running…");
  }
  public static void main(String[] args){
    //TODO Auto-generated method stub
    System.out.println(a);
    methodA();
         //静态方法可调用静态成员，该语句也可写成 StaticExp2.methodA()形式
    //System.out.print(b);
    //methodB();  由于非静态方法无法直接调用，这两条被注释语句无法直接运行！
    StaticExp2 obj=new StaticExp2();          //可建立对象访问非静态成员
    System.out.println(obj.b);
    obj.methodB();
  }
}
```

4.10 内 部 类

内部类是定义在其他类内部的类，主要作用是将一些可能有相关联功能的类组合放在一起。内部类与外部类中的成员变量和方法一样属于外部类的成员。它可以随意直接访问外部类的所有变量和方法。内部类分为成员内部类、静态内部类、局部内部类、匿名内部类 4 类。当内部类的成员变量或参数与外部类的成员同名时，需要借助 this 关键

字引用同名的成员。

内部类定义的位置和格式如下：

```
public class OutClass{              //定义外部类
   //外部类的成员变量和方法的定义
   class InnerClass{                //定义内部类
      //内部类的成员变量和方法的定义
   }
}
```

4.10.1 成员内部类

成员内部类为最基本的内部类。内部类作为外部类的一个成员而存在。

【例 4-33】通过在 OutClass 类内部建立 InnerClass 类来实现内部和外部之间的调用。

```
package ch04;
class OutClass
{
   private int a=15;
   public class InnerClass          //定义一个内部类
   {
      public void a_method()
      {
         a++;                       //内部类可以访问外部类的私有成员变量
         System.out.println(++a);
      }
   }
   public void inner_main()
   {
      InnerClass inner=new InnerClass();
      inner.a_method();
   }
}
public class OutinnMain{
   public static void main(String args[])
   {
      OutClass out=new OutClass();
      out.inner_main();
   }
}
```

4.10.2 静态内部类

内部类也可以定义为 static 类型，这种类称为静态内部类。一个静态内部类不依存于某个具体的外部类。所以，创建一个静态内部类的对象时，不再需要外部类对象。与方法内的内部类一样，静态内部类不能直接引用外部类中的变量和方法，只能通过一个对象来使用它们。

【例 4-34】在外部类内建立一个静态内部类，通过外部类名来创建内部类对象。

```
package ch04;
class Outer4{
   int a;
   public static class Inner4{
      public void imethod(){
         Outer4 ou=new Outer4();
         ou.a++;
         System.out.println("内部类的方法 imethod()");
      }
   }
}
public class InnerMain{
   public static void main(String args[])
   {
      //static 内部类对象可以直接通过外部类名来创建
      Outer4.Inner4 inn=new Outer4.Inner4();
      inn.imethod();
   }
}
```

4.10.3　局部内部类

在外部类的方法中可以定义内部类。这个内部类可以访问外部类的成员变量，但不可以访问所在方法内部的局部变量，除非是用 final 修饰符修饰的局部变量。

【例 4-35】在外部类的方法内定义内部类，并用内部类使用方法中的 final 成员。

```
package ch04;
public class Outer3{
   private int a=5;
   public Object makeTheInner(){
      final int finvar=6;
      //在方法中建立内部类
      class Inner3{
         public String toString(){
            return("a="+a+" finvar="+finvar);
         }
      }
      return new Inner3();
```

```
    }
    public static void main(String args[]){
        Outer3 ou=new Outer3();
        Object obj=ou.makeTheInner();
        System.out.println(obj);
    }
}
```

4.10.4 匿名内部类

当需要创建一个类的对象而且不用它的名称时，可以用匿名内部类。使用匿名内部类可以使代码看上去简洁、清楚。它的语法规则是：new 类名()。

例如：

```
new interfacename(){    };
```

或

```
new superclassname(){    };
```

需要注意的是，匿名类因为没有名称，所以没有构造方法，如果想要初始化它的成员变量，则有下面几种方法。

1）对于一个方法的匿名内部类，可以利用这个方法传入想要的参数，不过这些参数必须被声明为 final。

2）将匿名内部类改造成有名称的局部内部类，这样它就可以拥有构造方法了。

3）在匿名内部类中使用初始化代码块。

【例 4-36】在类的继承过程中实现匿名内部类的创建和使用。

```
package ch04;
public class Mainniming{
    public static void main(String[] args){
        InnerTest inner=new InnerTest();
        Test t=inner.get(3);
        System.out.println(t.getI());
    }
}
class Test{                                    //匿名类
    private int i;
    public Test(int i){
        this.i=i;
    }
    public int getI(){
        return i;
    }
}
```

```
class InnerTest{                         //用于内部类的测试
    public Test get(int x){
        return new Test(x){              //创建匿名内部类，调用父类的构造方法
            //方法覆盖
            public int getI(){
                return super.getI()*10;
            }
        };
    }
}
```

本 章 小 结

本章主要介绍类和对象的基本概念，以及封装、继承和多态三大特性，通过抽象类和接口实现类的多态，通过包组织类的结构，加深读者对面向对象程序设计思想的理解。

习题 4

一、简答题

1. 面向过程与面向对象的区别是什么？

2. 类和对象的关系如何？为什么要用到类？

3. 静态变量有什么特点？如何引用静态变量？

4. 什么是方法的重载？怎样调用一个重载的方法？

5. 静态方法有什么特点？

6. Java 中的内存回收机制的原理是什么？

7. 什么是类的继承？子类与父类之间完成继承包括哪 3 方面内容？

8. 继承过程中的成员变量的隐藏和方法的覆盖分别指的是什么？

9. 用一个类创建多个对象，多个对象之间可以互相为对应的属性赋值吗？

10. 父类对象可以转换为子类对象吗？反之成立吗？如果可以，在这两个转换过程中需要注意什么事宜？

11. 类有哪些重要的访问控制修饰符？abstract 修饰符和 final 修饰符在修饰类结构时分别表示什么？

12. 接口与类之间的差别是什么？接口的继承和实现分别指什么？

13. 在编程中如果需要自己创建包，那么 Java 源文件中的包与目录的对应关系如何实现？

14. 内部类可以分为哪些类型？其中静态内部类和匿名内部类指的是什么？如何实现？

二、程序设计题

1．创建一个 Rec 类，添加两个属性 width、height。在 Rec 类中添加两个方法，用于计算矩形的周长和面积。编程利用 Rec 类输出一个矩形的周长和面积。

2．创建一个 Table 类，该类有桌子名称、质量、宽度、长度和高度属性，以及以下几个方法：

构造方法：初始化所有成员变量。

area()：计算桌面的面积。

display()：输出所有成员变量的值。

changeWeight(float x)：改变桌子的质量。

在 main()方法中实现创建一个桌子对象，计算桌子的面积，改变桌子质量，并在屏幕上输出所有桌子属性的值。

3．建立一个 Computer 类，类中提供 4 个同名的方法 add()，使其参数类型不同，分别用来计算两个整数、两个单精度数、一个整数和一个双精度数、两个字符串的相加操作。使用方法的重载来完成。

4．用 Java 语言建立一个学生打篮球的模型。要求这个模型包括学生、篮球、球篮、观众 4 类对象。在这 4 类对象中分别定义相关的属性和方法，完成人持球、球入篮、观众鼓掌叫好事件，并用相应的方法表示，将事件的结果输出。

5．编写一个完整的 Java 应用程序，包括 ShapeArea 接口、MyTriangle 类、Test 类，具体要求如下。

ShapeArea 接口包括方法 double getArea()（求一个形状的面积）、double getPerimeter()（求一个形状的周长）。

MyTriangle 类实现 ShapeArea 接口，另有以下属性和方法：

1）属性 a、b、c：double 型，表示三角形的 3 条边。

2）MyTriangle(double a, double b, double c)：构造方法，给 3 条边和面积 s 赋初值。

3）toString()：输出矩形的描述信息。

编写一个 Test 类作为主类，主要完成测试功能：生成 MyTriangle 对象，调用对象的 toString()方法，输出对象的描述信息。

注：求三角形面积的公式为 $\sqrt{s(s-x)(s-y)(s-z)}$，s=(x+y+z)/2，开方可用 Math.sqrt(double)方法。

习题 4 参考答案

第5章 数组、字符串和常用类库

学习指南

本章通过详尽的实例，配以合理的练习，首先介绍了数组的基本概念，以一维数组和二维数组为例加深理解数组的基本操作；然后介绍了一种重要的数据类型，即字符串，通过两种具体的字符串类型 String 和 StringBuffer 加深对字符串基本结构和基本操作的理解；最后介绍了 Java 类库中的几种常用类。

难点重点

- 数组的基本概念。
- 一维数组、二维数组和多维数组。
- 字符串的基本知识。
- 两种常用的字符串：String 和 StringBuffer。
- 正则表达式。
- Java 类库中的常用类。

5.1 数组的概念

数组是程序设计语言中很有用的数据类型之一，用于对由相同数据类型组成的一批数据进行处理。数组是由下标和值组成的数的有序集合。访问程序中的变量，通常要通过变量名进行。对于数组类型，可通过下标值来访问数组中的各个元素。

数组是若干个具有相同数据类型的数据元素的集合。引用这些元素时可用同一个数组名、不同的下标来指明。数组元素的下标个数称为该数组的维数。只有一个下标的数组称为一维数组，有两个下标的数组称为二维数组，以此类推。

5.1.1 一维数组的声明

微课：一维数组的定义

一维数组的定义格式如下：

```
<数据类型>  <数组名>[];
```

或

```
<数据类型>[] <数组名>;
```

说明：

1）<数据类型>可以是 Java 语言中的任意数据类型，<数组名>为合法的变量名，[]指明该变量是一个数组类型。每个数组的下限都是从 0 开始的，且不可改变。

2）数组被创建后，其元素被系统自动初始化了。字符元素被初始化为 '\u0000'，而对象数组都被初始化为 null。如果不初始化，则不分配内存空间。

3）数组中的第一个元素记作第 0 个，例如，i[0]是数组 i 的第一个元素。

例如：

```
float a[];                    //定义了一个数组 a，其中的元素可以存放 float 型数据
```

声明数组并不实际创建它们。在 Java 中，数组是基于类的，所以在数组使用之前必须进行实例化。在 Java 中，可使用 new 运算符创建数组，当数组元素的数量发生变化时，可使用 new 关键字向它分配数组元素的数量。也就是说，数组在创建后仍可以改变大小。

例如，对已声明的 rain 数组创建一个由 10 个 double 型数据组成的数组：

```
double[] rain;                //声明一个 double 型数组 rain，其大小可以是任意的
rain=new double[10];          //rain 是 10 个元素的数组，数组下标从 0 到 9
rain=new double[20];          //rain 是 20 个元素的数组
```

5.1.2　一维数组的初始化

在定义数组的同时可以给数组元素赋值，这个过程称为数组的初始化。格式如下：

```
数据类型 数组名[]={值 1,值 2,…,值 N};
```

或

```
数据类型[] 数组名={值 1,值 2,…,值 N};
```

Java 编译程序会自动根据值的个数计算出整个数组的长度，并分配相应的空间。对于基本数据类型，元素会初始化为 0；对于 boolean 型，元素会初始化为 false；对于引用类型，元素会初始化为空（null）。

例如：

```
int[] array1={2,3,5,7,11,13,17,19};
```

声明数组和创建数组可以一起完成，例如：

```
float boy[]=new float[4]{1.2f,2.3f,15.2f,7.6f};
```

或者

```
float boy[]={1.2f,2.3f,15.2f,7.6f};
```

相当于

```
float boy[]=new float[4];
boy[0]=1.2f;  boy[1]=2.3f;  boy[2]=15.2f;  boy[3]=7.6f;
```

为数组赋值的另一种方法是动态地从键盘输入信息并赋值：

```
Scanner input=new Scanner(System.in);
for(int i=0;i<30;i++){
    score[i]=input.nextInt();
}
```

上述代码的作用是通过键盘输入 30 个整数，并赋给 score 数组。

5.1.3 数组元素的引用

定义一个数组并为它分配存储空间后，才可以使用数组中的元素。访问数组元素的格式如下：

```
数组名[下标];
```

下标即数组索引，可以是整数或整型表达式。数组元素访问的结果是变量，即由下标选定的数组元素。Java 数组从 0 开始建立索引，即数组索引从 0 开始。

例如，以下代码按索引顺序读取数组元素的值并计算它们的和，将它们的和存于变量 sum 中：

```
double  sum=0;
for(i=0;i<rain.length;i++){
    sum+=rain[i];
}
```

5.1.4 把数组传递给方法

如果数据类型为基本类型，则 Java 采用值传递的方式将实参传递给方法的形参，传递的是实参的值，方法运行之后实参变量的值不改变。

如果数组类型和类类型作为实参，则向方法传递的是引用（也称传地址，即将实参的地址传递给形参），也就是形参和实参共享同一块存储空间，即方法中的形参和实参是一样的，如果改变方法中的数组和对象，则会看到方法外的数组和对象的值也发生变化。

【例 5-1】数组采用引用（传地址）调用 change()方法改变数组内容。

```
package ch05;
public class ChangeTest{
    public static void change(char[] dest){
        for(int i=0;i<dest.length;i++)
        {
            dest[i]=(char)(dest[i]+3);
        }
    }
    public static void main(String[] args){
```

```
        char source[]=new char[]{'a','b','c'};
        System.out.print("变化前的数组内容：");
        for(int i=0;i<source.length;i++)
        {
            System.out.print(source[i]+",");
        }
        change(source);      //调用 change()方法，把实参传递给形参
        System.out.println();
        System.out.print("变化后的数组内容：");
        for(int i=0;i<source.length;i++)
        {
            System.out.print(source[i]+",");
        }
    }
}
```

5.1.5 一维数组的应用

【例 5-2】班里有 30 位学生，使用动态输入并赋值的方式计算学生成绩的平均分。

```
package ch05;
import java.util.Scanner;
public class chap05_02{
    public static void main(String[] args){
        //声明变量
        int[] score=new int[10];              //成绩数组
        int sum=0;                            //成绩总和
        double avg;                           //成绩平均值
        //给数组动态赋值
        System.out.println("请依次输入学生成绩：");
        Scanner input=new Scanner(System.in);
        for(int index=0;index<score.length;index++){
            score[index]=input.nextInt();
        }
        //计算平均值
        for(int index=0;index<score.length;index++){
            sum=sum+score[index];
        }
        avg=sum/score.length;
        //显示输出结果
        System.out.println("S253 班 Java 内部测试成绩平均分是："+avg);
    }
}
```

【例 5-3】对输入的数组元素进行排序。

```
package ch05;
import java.util.Arrays;
import java.util.Scanner;
public class chap05_03{
   public static void main(String[] args){
      int[] score=new int[5];
      Scanner input=new Scanner(System.in);
      System.out.println("请输入 5 位学生的成绩：");
      for(int i=0;i<5;i++){
         score[i]=input.nextInt();            //依次输入 5 位学生的成绩
      }
      Arrays.sort(score);                     //对数组进行升序排列
      System.out.println("学生成绩按升序排列");
      //顺序输出目前数组中的元素
      System.out.println(Arrays.toString(score));
   }
}
```

程序运行结果如下：

```
请输入 5 位学生的成绩：
83
85
82
73
96
学生成绩按升序排列
[73, 82, 83, 85, 96]
```

【例 5-4】使用冒泡排序算法对一个含有 10 个元素的数组进行排序。

```
package ch05;
public class BubbleSort{
   public static void main(String[] args){
      int[] a={78,32,82,92,59,10,98,77,45,86};
      System.out.println("排序前的数组为：");
      for(int num:a){
         System.out.print(num+" ");
      }
      for(int i=0;i<a.length-1;i++){            //外层循环控制排序趟数
         for(int j=0;j<a.length-1-i;j++){     //内层循环控制每一趟排序多少次
            if(a[j]>a[j+1]){
               int temp=a[j];
```

```
                a[j]=a[j+1];
                a[j+1]=temp;
            }
        }
    }
    System.out.println();
    System.out.println("排序后的数组为：");
    for(int num:a){
        System.out.print(num+" ");
    }
  }
}
```

5.2 二维数组和多维数组

一维数组由排列在一行中的所有元素组成，它只有一个索引。从概念上讲，二维数组就像一个具有行和列的表格一样。

5.2.1 二维数组的定义和初始化

1. 二维数组的定义

二维数组定义格式如下：

```
<数据类型> <数组名>[][];
```

或

```
<数据类型>[][] <数组名>;
```

与一维数组一样，定义二维数组时也没有分配内存空间，同样要使用 new 关键字来分配内存，然后才可以访问元素。

对于多维数组来说，分配内存空间时可以直接为每一维分配空间。例如：

```
int a[][]=new int[2][3];
```

也可以从最高维开始，分别为每一维分配空间，例如：

```
int a[][]=new int[2][];
a[0]=new int[3];
a[1]=new int[3];
```

2. 二维数组的初始化

可以在声明数组时将其初始化。例如：

```
int[][] arr=new int[][]{{1,2},{3,4},{5,6},{7,8}};
```

也可以初始化数组，但不指定维数，例如：

```
int[][] arr={{1,2},{3,4},{5,6},{7,8}};
```

如果要声明一个数组变量但不将其初始化，则必须使用 new 运算符将数组分配给此变量。例如：

```
int[][] arr;
arr=new int[][]{{1,2},{3,4},{5,6},{7,8}};            //正确
arr={{1,2},{3,4},{5,6},{7,8}};                       //错误
```

也可以给数组元素赋值。例如：

```
arr[2][1]=10;
```

5.2.2 二维数组元素的引用

对于二维数组的每个元素，其引用格式如下：

```
数组名[下标 1][下标 2];
```

例如，以下代码按索引顺序读取二维数组 rain 各元素的值并计算它们的和，将它们的和存于变量 sum 中：

```
double sum=0;
for(int i=0;i<rain.length;i++){
   for(int j=0;j<rain[i].length;j++){
      sum+=rain[i][j];
   }
}
```

5.2.3 二维数组的应用

【例 5-5】实现一维、二维数组的声明、创建、初始化。

```
package ch05;
public class Test
{
   public static void main(String[] args)
   {
      //第 1、2 步：声明并初始化数组变量
      int[] array1={2,3,5,7,11,13,17,19};
      int[] array2;
      //第 3 步：显示数组初始化值
      System.out.print("array1 is ");
      printArray(array1);
      System.out.println();
```

```
    //第 4 步: array2 引用 array1
    array2=array1;
    //更改 array2
    array2[0]=0;
    array2[2]=2;
    array2[4]=4;
    array2[6]=6;
    //输出 array1
    System.out.print("array1 is ");
    printArray(array1);
    System.out.println();
    //第 5 步: 声明一个整数类型的二维数组
    int[][] matrix=new int[5][];
    //第 6 步: 将这个矩阵构成三角形
    for(int i=0;i<matrix.length;i++)
    {
      matrix[i]=new int[i];
      for(int j=0;j<i;j++ )
      {
        matrix[i][j]=i*j;
      }
    }
    //第 7 步: 输出矩阵
    for(int i=0;i<matrix.length;i++)
    {
       System.out.print("matrix["+i+"] is ");
       printArray(matrix[i]);
       System.out.println();
    }
  }
  public static void printArray(int[] array)
  {
    System.out.print('<');
    for(int i=0;i<array.length;i++)
    {
       //输出一个元素
       System.out.print(array[i]);
       //输出最后一个元素时不输出逗号
       if((i+1)<array.length){
          System.out.print(", ");
       }
    }
```

```
        System.out.print('>');
    }
}
```

程序运行结果如下：

```
array1 is <2, 3, 5, 7, 11, 13, 17, 19>
array1 is <0, 3, 2, 7, 4, 13, 6, 19>
matrix[0] is <>
matrix[1] is <0>
matrix[2] is <0, 2>
matrix[3] is <0, 3, 6>
matrix[4] is <0, 4, 8, 12>
```

5.3 字　符　串

在 Java 中，处理字符主要应用 Character 类。该类包含了很多对字符进行各种处理的方法，也包含了有关字符属性的成员数据。

字符串是字符的序列，它是组织字符的基本数据结构，从某种程度上来说类似于字符数组。在 Java 中，字符串被当作对象来处理。程序中需要用到的字符串可以分为两大类：一类是创建之后不会再改变的字符串常量 String 类；另一类是创建之后允许改变的字符串变量 StringBuffer 类。

5.3.1 创建字符串对象

1. 创建 String 对象

在 Java 中，字符串可作为 String 对象来处理。当创建一个 String 对象时，被创建的字符串是不能改变的。每次需要改变字符串时都要创建一个新的 String 对象来保存新的内容。之所以采用这种方法，是因为实现固定的、不可变的字符串比实现可变的字符串更高效。

String 构造方法如下。

1）String()：默认构造方法，无参数。

```
String s1=new String();
```

2）String(char chars[])：传入字符数组。

```
char[] myChars={'a','b','c'};
String s2=new String(myChars)                //使用字符串"abc"初始化 s2
```

3）String(char chars[], int startIndex,int numChars)：传入一个字符数组，从指定下标位置开始获取指定个数的字符，用这些字符来初始化字符串变量。

```
char[] myChars={'h','e','l','l','o'};
```

```
String s3=new String(myChars,1,3);        //使用字符串"ell"初始化 s3
```

4）String(String strObj)：传入另一个字符串对象，用该字符串对象的内容初始化字符串。

```
String s4=new String(s3);                 //这时 s4 也是"ell"了
```

5）String(byte asciiChars[])：通过使用平台默认字符集解码指定的 byte 数组构造一个新的字符串。

6）String(byte asciiChars[],int startIndex,int numChars)：通过使用指定的 charset 字符集解码指定的 byte 数组，构造一个新的字符串。

【例 5-6】使用构造方法初始化字符串。

```
package ch05;
public class chap05_06 {
  public static void main(String[] args){
    byte ascii[]={65,66,67,68,69,70};  //数组
    String s1=new String(ascii);        //创建对象 s1
    System.out.println(s1);             //输出对象 s1
    String s2=new String(ascii,2,3);    //创建对象 s2
    System.out.println(s2);             //输出对象 s2
  }
}
```

程序运行结果如下：

```
ABCDEF
CDE
```

前面说明了如何使用 new 运算符创建一个字符串实例，然而这是一种早期的使用字符串常量的处理方法。对于程序中的每一个字符串常量，Java 会自动创建 String 对象。因此，可以使用字符串常量初始化 String 对象。例如：

```
String s5="abc";
```

2．创建 StringBuffer 对象

StringBuffer 定义了下面 3 个构造方法。

1）StringBuffer()，是默认构造方法，预留了 16 个字符的空间，该空间不需再分配。

2）StringBuffer(int size)，其中 size 为指定缓冲区大小。

3）StringBuffer(String str)，设置 StringBuffer 对象初始化的内容并预留 16 个字符空间，且不需再分配空间。

5.3.2 String 类

1．求字符串的长度

使用 String 类中的 length()方法可以获取一个字符串的长度。

【例 5-7】使用 length()方获取求字符串的长度。

```
package ch05;
public class chap05_07{
  public static void main(String[] args){
    String s="We are friends",tom="我们是朋友";
    int  n1,n2;                                 //声明变量
    n1=s.length();                              //获取字符串 s 的长度
    n2=tom.length();                            //获取字符串 tom 的长度
    System.out.println("n1="+n1);               //输出语句
    System.out.println("n2="+n2);
  }
}
```

程序运行结果如下：

```
n1=14
n2=5
```

2. 连接字符串

使用“+”运算符可以将两个字符串连接起来产生一个新的 String 对象。如果原来的字符串有空格，则新的字符串会保留原来的空格。Java 类中还有一个用于连接字符串的方法：public String concat(String str)，该方法用于将参数 str 指定的字符串连接到当前字符串后面，返回的字符串的值会保留其中的空格及相应的符号。

【例 5-8】“+”与 concat()的运用。

```
package ch05;
public class chap05_08{
  public static void main(String[] args){
    String  hello="hello";
    String  world="  world";                    //创建字符串对象
    String  greet=hello+world;                  //用“+”连接字符串
    String  greet1="Hello"+"  world !"; //用“+”连接字符串
    System.out.println(greet);                  //输出 greet
    System.out.println(greet1);                 //输出 greet1
    String  str1="car",str2,str3; //创建字符串对象 str1、str2、str3
    str2=str1.concat("ess");                    //使用 concat()连接字符串
    System.out.println(str2);                   //输出 str2
    str3="to".concat(" go ").concat("home.");//使用 concat()连接字符串
    System.out.println(str3);                   //输出 str3
  }
}
```

程序运行结果如下：

```
hello  world
Hello  world !
caress
to go home.
```

3. 比较字符串

使用字符串类中的 equals(String str)方法可以判断两个字符串是否相等，该方法返回一个 boolean 型的值，如果为 true 则说明两个字符串相等，如果为 false 则说明两个字符串不相等。返回的 boolean 型的值经常会用于条件判断。

【例 5-9】 equals()方法的运用。

```
package ch05;
import javax.swing.JOptionPane;
public class CompareString {
   /*
    * 比较字符串
    */
   public static void main(String[] args){
     String str1="123456",str2;
     str2=JOptionPane.showInputDialog("请输入你的密码");
     //从键盘输入字符串
     boolean t=str1.equals(str2);//比较字符串
     if(t==false)
     {
        JOptionPane.showMessageDialog(null,"用户输入的用户名及密码错误，
                                            请重新输入！");
     }
     else
     {
        JOptionPane.showMessageDialog(null,"你的密码正确，请点击确定");
     }
   }
}
```

程序运行结果如图 5-1 所示。

（a）结果一

（b）结果二

图 5-1　程序运行结果

Java 中还有一种比较字符串大小的方法，即 equalsIgnoreCase(String another)，这是一种忽略字符大小写的比较方法。

【例 5-10】equalsIgnoreCase()的运用。

```
package ch05;
public class chap05_10{
  /*
   * equalsIgnoreCase()的运用
   */
  public static void main(String[] args){
    String  str1="hello";
    String  str2="Hello";
    boolean  t=str1.equalsIgnoreCase(str2);      //返回值是 true
    System.out.println(t);                        //输出 t
  }
}
```

此外，int compareTo(String str)方法也用于比较两个字符串的大小。字符串比较的结果及其含义如表 5-1 所示。

表 5-1　int compareTo(String str)方法的比较结果及含义

值	含义
小于 0	调用此方法的字符串小于参数 str
大于 0	调用此方法的字符串大于参数 str
等于 0	两个字符串相等

4．搜索（截取）字符串

Java 的字符串类提供了两个方法用于搜索（截取）字符串。

1）String substring(int beginIndex)：截取从 beginIndex 位置开始到结束的子字符串。

【例 5-11】substring()的运用。

```
package ch05;
public class chap05_11 {
  /*
   * 通过这个程序，展示字符串求取子串的方法*/
  public static void main(String[] args){
    String str="Welcome to Java World!";
    for(int i=0;i<str.length();i++)
    {
      System.out.println("这是第"+i+"个子串："+str.substring(i));
    }
  }
}
```

程序运行结果如下：

```
这是第 0 个子串：Welcome to Java World!
这是第 1 个子串：elcome to Java World!
这是第 2 个子串：lcome to Java World!
这是第 3 个子串：come to Java World!
这是第 4 个子串：ome to Java World!
这是第 5 个子串：me to Java World!
这是第 6 个子串：e to Java World!
这是第 7 个子串：to Java World!
这是第 8 个子串：to Java World!
这是第 9 个子串：o Java World!
这是第 10 个子串：Java World!
这是第 11 个子串：Java World!
这是第 12 个子串：ava World!
这是第 13 个子串：va World!
这是第 14 个子串：a World!
这是第 15 个子串：World!
这是第 16 个子串：World!
这是第 17 个子串：orld!
这是第 18 个子串：rld!
这是第 19 个子串：ld!
这是第 20 个子串：d!
这是第 21 个子串：!
```

2）String substring(int beginIndex,int endIndex)：截取从 beginIndex 位置开始到 endIndex 位置的子字符串。

将例 5-11 中的 for 循环部分改成如下形式：

```
for(int i=0;i<str.length()-2;i++)
{
   System.out.println("这是第"+i+"个子串："+str.substring(i,i+2));
}
```

再次编译运行程序，可以得到如下结果：

```
这是第 0 个子串：We
这是第 1 个子串：el
这是第 2 个子串：lc
这是第 3 个子串：co
这是第 4 个子串：om
这是第 5 个子串：me
这是第 6 个子串：e
这是第 7 个子串：t
这是第 8 个子串：to
```

```
这是第 9 个子串：o
这是第 10 个子串：J
这是第 11 个子串：Ja
这是第 12 个子串：av
这是第 13 个子串：va
这是第 14 个子串：a
这是第 15 个子串：W
这是第 16 个子串：Wo
这是第 17 个子串：or
这是第 18 个子串：rl
这是第 19 个子串：ld
```

5. 搜索（截取）字符

在讲创建字符串对象时，可以从一个字符数组构建一个字符串对象，那么从一个字符串对象中获取指定的字符，就要用到获取字符的方法：charAt(int index)。该方法只能返回一个单一的字符，这与获取子字符串是不一样的。其中，参数 index 是一个整数，它是指字符串序列中字符的位置。注意，这个整数是从 0 开始的。

【例 5-12】charAt()方法的运用。

```
package ch05;
/*
 * 通过这个程序，展示字符串求取字符的方法
 */
public class chap05_12{
  public static void main(String[] args){
    String str="Welcome to Java World!";
    for(int i=0;i<str.length();i++)
    {
      System.out.println("这是第"+i+"个字符："+str.charAt(i));
    }
  }
}
```

程序运行结果如下：

```
这是第 0 个字符：W
这是第 1 个字符：e
这是第 2 个字符：l
这是第 3 个字符：c
这是第 4 个字符：o
这是第 5 个字符：m
这是第 6 个字符：e
这是第 7 个字符：
```

```
这是第 8 个字符：t
这是第 9 个字符：o
这是第 10 个字符：
这是第 11 个字符：J
这是第 12 个字符：a
这是第 13 个字符：v
这是第 14 个字符：a
这是第 15 个字符：
这是第 16 个字符：W
这是第 17 个字符：o
这是第 18 个字符：r
这是第 19 个字符：l
这是第 20 个字符：d
这是第 21 个字符：!
```

void getChars(int sourceStart,int sourceEnd,char target[],int targetStart)方法用于将当前字符串中从 sourceStart 到 sourceEnd-1 位置上的字符复制到 target[]数组中，并从数组 target[]的 targetStart 处开始存放这些字符。需要注意的是，必须保证数组 target[]能容纳下要被复制的字符。

char[] toCharArray()是将字符串中所有的字符转换到一个字符数组的最简单的方法，也可以使用 getChars()方法实现。

6. 修改字符串

修改字符串的目的是得到新的字符串。String 类提供了以下几种方法来修改字符串。

1）replace()用于用另一个字符取代指定字符串中的指定字符，具体形式如下：

```
public String replace(char oldchar,char newChar)
```

表示在字符串中用 newChar 字符替换 oldChar 字符。例如：

```
String s="Hello";
replace('l','w');                    //执行后 s="Hewwo"
```

2）改变字符串内字符大小写的方法：

String toLowerCase()返回一个所有字母都是小写的字符串。

String toUpperCase()返回一个所有字母都是大写的字符串。

5.3.3 StringBuffer 类

1. 将字符串添加到缓冲区

一旦创建了 StringBuffer 类的对象，就可以使用 StringBuffer 类的大量方法和属性。最常用的是 append()方法，它用于把字符串添加到缓冲区，将任意其他类型数据的字符串形式连接到调用 StringBuffer 对象的后面，对所有内置的类型和对象，它都有重载形式。下面是它的几种重载形式。

```
StringBuffer append(String str);
StringBuffer append(int num);
StringBuffer append(Object obj);
```

【例 5-13】append()方法的运用。

```
package ch05;
public class chap05_13{
  public static void main(String[] args){
    //创建一个 StringBuffer 类的对象
    StringBuffer sb=new  StringBuffer();
    sb.append("s");                        //将字符串 s 添加到缓冲区
    sb.append("u");
    sb.append("n");
    sb.append(".");
    sb.append("c");
    sb.append("o");
    sb.append("m");
    System.out.println(sb.toString()); //输出结果为 sun.com
  }
}
```

2．将字符串插入缓冲区

insert()方法用于将一个字符串插入另一个字符串中。下面是它的几种形式。

```
StringBuffer insert(int index,String str);
StringBuffer insert(int index,char ch);
StringBuffer insert(int index,Object obj);
```

3．从缓冲区中获取字符

要得到 StringBuffer 对象中指定位置的字符，可以使用 charAt()方法，其一般语法格式如下：

```
char charAt(int where);
```

为字符串中的单个字符赋值或进行替换可以使用 setCharAt()方法，其一般语法格式如下：

```
void setCharAt(int where,char ch)
```

对于这两种方法，where 值必须是非负的，同时不能超过或等于 StringBuffer 对象的长度。另外，还有 getChars(int suorceStart,int sourceEnd,char target[],int targetStart)方法，

该方法将字符串复制到字符数组中。

4．修改缓冲区中的字符串

StringBuffer 类提供了如下几种方法用于修改缓冲区中的字符串。

1）append()：将任意其他类型数据的字符串形式连接到调用 StringBuffer 对象的后面。

2）insert()：在字符串指定位置插入值。

3）setCharAt()：为字符串中的单个字符赋值或进行替换。

4）reverse()：倒置 StringBuffer 的内容。

例如：

```
StringBuffer strbf=new StringBuffer("ABCDEFG");
strbf.reverse();
System.out.println(strbf);//输出 GFEDCBA
```

5）StringBuffer delete(int startIndex,int endIndex)：删除指定位置的字符串。

6）StringBuffer deleteCharAt(int loc)：删除指定位置的字符。

例如，删除第一个字符后的所有字符：

```
strbf.delete(1,strbf.length());
```

7）replace()：在 StringBuffer 内部用一个字符串代替另一个指定起始位置和结束位置的字符串。需注意的是，被代替的字符不包括结束位置上的字符。其一般语法格式如下：

```
StringBuffer replace(int startIndex,int endIndex,String str);
```

5．String 类和 StringBuffer 类的区别

Java 平台提供了两个类：String 和 StringBuffer，它们都可以存储和操作字符串，String 类提供了数值不可改变的字符串，而 StringBuffer 类提供的字符串可以进行修改。当要改变字符数据的时候，可以使用 StringBuffer 类。

5.3.4　正则表达式

正则表达式是一种可以用于模式匹配和替换的规范，一个正则表达式就是由普通的字符（如字符 a～z）及特殊字符（元字符）组成的文字模式，用于描述在查找文字主体时待匹配的一个或多个字符串。正则表达式作为一个模板，将某个字符模式与所搜索的字符串进行匹配。

使用正则表达式要用到 java.util.regex 包，主要包括以下 3 个类。

1）Pattern 类：Pattern 对象是一个正则表达式的编译表示。Pattern 类没有公有构造方法。要创建一个 Pattern 对象，必须首先调用其公有静态编译方法，它返回一个 Pattern 对象。该方法接受一个正则表达式作为它的第一个参数。

2）Matcher 类：Matcher 对象是对输入字符串进行解释和匹配操作的引擎。与

Pattern 类一样，Matcher 也没有公有构造方法，需要调用 Pattern 对象的 matcher()方法来获得一个 Matcher 对象。

3）PatternSyntaxException 类：PatternSyntaxException 是一个非强制异常类，它表示一个正则表达式模式中的语法错误。

由于正则表达式内容庞杂，这里仅举例说明它的基本应用。

【例 5-14】匹配验证：验证 E-mail 是否正确。

```
package ch05;
import java.util.regex.Matcher;
import java.util.regex.Pattern;
public class chap05_14{
  public static void main(String[] args){
    //要验证的字符串
    String str="service@xsoftlab.net";
    //邮箱验证规则
    String regEx="[a-zA-Z_]{1,}[0-9]{0,}@(([a-zA-z0-9]-*){1,}\\.)
                {1,3} [a-zA-z\\-]{1,}";
    //编译正则表达式
    Pattern pattern=Pattern.compile(regEx);
    //忽略大小写
    //Pattern pat=Pattern.compile(regEx,Pattern.CASE_INSENSITIVE);
    Matcher matcher=pattern.matcher(str);
    //字符串是否与正则表达式相匹配
    boolean rs=matcher.matches();
    System.out.println(rs);
  }
}
```

【例 5-15】在字符串中查找字符或者字符串。

```
package ch05;
import java.util.regex.Matcher;
import java.util.regex.Pattern;
public class chap05_15{
  public static void main(String[] args){
    //要验证的字符串
    String str="baike.xsoftlab.net";
    //正则表达式规则
    String regEx="baike.*";
    //编译正则表达式
    Pattern pattern=Pattern.compile(regEx);
    //忽略大小写
    //Pattern pat=Pattern.compile(regEx,Pattern.CASE_INSENSITIVE);
```

```
        Matcher matcher=pattern.matcher(str);
        //查找字符串中是否有匹配正则表达式的字符/字符串
        boolean rs=matcher.find();
        System.out.println(rs);
    }
}
```

常用正则表达式如表 5-2 所示。

表 5-2 常用正则表达式

<table>
<tr><th>规则</th><th>正则表达式语法</th></tr>
<tr><td>一个或多个汉字</td><td>^[\u0391-\uFFE5]+$</td></tr>
<tr><td>邮政编码</td><td>^[1-9]\d{5}$</td></tr>
<tr><td>QQ 号码</td><td>^[1-9]\d{4,10}$</td></tr>
<tr><td>电子邮箱</td><td>^[a-zA-Z_]{1,}[0-9]{0,}@(([a-zA-z0-9]-*){1,}\.){1,3}[a-zA-z\-]{1,}$</td></tr>
<tr><td>用户名（字母开头+数字/字母/下划线）</td><td>^[A-Za-z][A-Za-z1-9_-]+$</td></tr>
<tr><td>手机号码</td><td>^1(?:3\d|4[4-9]|5[0-35-9]|6[67]|7[013-8]|8\d|9\d)\d{8}$</td></tr>
<tr><td>URL</td><td>^((http|https)://)?([\w-]+\.)+[\w-]+(/[\w-./?%&=]*)?$</td></tr>
<tr><td>18 位身份证号</td><td>^(\d{6})(18|19|20)?(\d{2})([01]\d)([0123]\d)(\d{3})(\d|X|x)?$</td></tr>
</table>

5.4 Java 类库

类库就是 Java API（application programming interface，应用程序接口），是系统提供的已实现的标准类的集合。在程序设计中，合理和充分利用类库提供的类和接口，不仅可以完成字符串处理、绘图、网络应用、数学计算等多方面的工作，而且只需自己编写类继承系统提供的有关标准类就可以解决相关的问题，这样可以大大提高编程效率，使程序简练、易懂。

5.4.1 类库的使用

Java 类库提供的类和接口大多封装在特定的包中，每个包具有自己的功能。类库的使用方式有以下两种。

1）在每个类名前添加完整的包名，例如：

```
java.until.Date  today=new java.until.Date();
```

2）使用 import 语句。这个语句导入一个特定的类或整个包。例如，可用语句 import java.until.*;导入 java.until 包中的所有类，然后使用 Date today=new Date()，无须在前面加上包前缀。或者在源代码前面加上这样的语句：import java.until.Date，这样也可以在程序中直接使用 Date 类。

5.4.2 常用类库

表 5-3 列出了 Java 提供的部分常用包及其功能。其中，包名后面带“.*”表示其中包括一些相关的包。有关类的介绍和使用方法，Java 提供了极其完善的技术文档。

表 5-3 Java 提供的部分常用包及其功能

包名	主要功能
java.applet	提供创建 Applet 需要的所有类
java.awt.*	提供创建用户界面及绘制和管理图形、图像的类
java.beans.*	提供开发 JavaBeans 需要的所有类
java.io	提供通过数据流、对象序列及文件系统实现的系统输入、输出
java.lang.*	Java 编程语言的基本类库
java.math.*	提供简明的整数算术及十进制算术的基本方法
java.rmi	提供与远程方法调用相关的所有类
java.net	提供用于实现网络通信应用的所有类
java.security.*	提供设计网络安全方案需要的一些类
java.sql	提供访问和处理来自于 Java 标准数据源数据的类
java.test	包括以一种独立于自然语言的方式处理文本、日期、数字和消息的类及接口
java.util.*	包括集合类、时间处理模式、日期时间工具等各类常用工具包
javax.accessibility	定义用户界面组件之间相互访问的一种机制
javax.naming.*	为命名服务提供一系列类和接口
javax.swing.*	提供一系列轻量级的用户界面组件，是目前 Java 用户界面常用的包

java.lang 是 Java 语言使用最广泛的包。它所包括的类是其他包的基础，由系统自动引入，程序中不必用 import 语句就可以使用其中的任何一个类。java.lang 所包括的类和接口对所有实际的 Java 程序都是必要的。它提供利用 Java 编程语言进行程序设计的基础类。

java.util 是 Java 语言中另一个使用广泛的包，它包括集合类、时间处理模式、日期时间工具等各种常用工具。Java 的集合类是 java.util 包中的重要内容，它允许以各种方式将元素分组，并定义了各种使这些元素更容易操作的方法。

Java 的核心库 java.io 提供了全面的 I/O 接口，包括文件读/写、标准设备输出等。在 Java 中，I/O 是以流为基础进行输入/输出的，所有数据被串行化写入输出流，或者从输入流读入。

5.5 基本数据类

为了能将基本类型视为对象来处理，并能连接相关的方法，Java 为每个基本类型都提供了包装类。这些包装类提供的方法具有某些基本功能，如类型转换、值测试、相等性检查等。这些类在 java.lang 包中，如 Boolean、Byte、Short、Character、Integer、Long、Float 等。

Java 的每个原始数据类型都有一个相应的包装类。包装类只是用来封装一个不可变值的类。例如，Integer 类封装 int 值，Float 类封装 float 值。包装类名称与相应的原始数据类型名称不完全匹配。

下面以整型包装类 Integer 为例简单说明包装类的用法。

5.5.1 Integer 类

1. 属性

1）static int MAX_VALUE：返回最大的整型数。

2）static int MIN_VALUE：返回最小的整型数。

3）static Class TYPE：返回当前类型。

例如：

```
System.out.println("Integer.MAX_VALUE: "+Integer.MAX_VALUE);
```

语句输出结果为 Integer.MAX_VALUE: 2147483647。

2. 构造方法

1）Integer(int value)：通过一个 int 类型构造对象。

2）Integer(String s)：通过一个 String 类型构造对象。

例如：

```
Integer i=new Integer("123");
```

生成了一个值为 123 的 Integer 对象。

3. 方法

Integer 类的常用方法如下：

1）byteValue()：取得用 byte 类型表示的整数。

2）int compareTo(Integer anotherInteger)：比较两个整数，结果相等时返回 0，此对象小于 anotherInteger 时返回负数，此对象大于 anotherInteger 时返回正数。

3）double doubleValue()：取得该整数的双精度表示。

4）int intValue()：返回该整型数所表示的整数。

5）long longValue()：返回该整型数所表示的长整数。

6）static int parseInt(String s)：将字符串转换成整数。s 必须由十进制数组成，否则抛出 NumberFormatException 异常。

7）static int parseInt(String s, int radix)：以 radix 为基数返回 s 的十进制数。所谓基数，就是几进制。

8）short shortValue()：返回该整型数所表示的短整数。

9）static String toBinaryString(int i)：将整数转为二进制数的字符串。

10）static String toHexString(int i)：将整数转为十六进制数的字符串。

11）static String toOctalString(int i)：将整数转为八进制数的字符串。

12）String toString()：将整数转换为字符串。

13）static String toString(int i)：将整数转换为字符串。不同的是，此为类方法。

14）static String toString(int i, int radix)：将整数 i 以基数 radix 的形式转换成字符串。

15）static Integer valueOf(String s)：将字符串转换成整数型。

16）static Integer valueOf(String s, int radix)：将字符串以基数 radix 的要求转换成整数。

5.5.2 包装类应用实例

【例 5-16】整型包装类应用实例。

```
package ch05;
public class Convert{
  public static void main(String[] args){
    String str1="123";
    String str2="456";
    int n1=0,n2=0,sum=0;                  //把字符串转换成整数
    n1=Integer.parseInt(str1);
    n2=new Integer(str2).intValue();
    sum=n1+n2;
    System.out.println("和: "+sum);      //转换成二进制字符串形式
    String s3=Integer.toBinaryString(sum);
    System.out.println("二进制: "+s3);   //转换成十六进制形式
    String s4=Integer.toHexString(sum);
    System.out.println("十六进制: "+s4);
  }
}
```

5.6 实用工具类

5.6.1 日期类

Java 常用的表示日期的工具类有 Data 类和 Calendar 类。

1. Data 类

Data 类对象表示当前日期与时间，并提供操作日期和时间各组成部分的方法。必须将 Data 对象转换为字符串，才能将其输出。

（1）Data 类常用构造方法

1）public Date()：创建的日期类对象的日期和时间被设置成创建时刻相对应的日期和时间。例如：

```
Date today=new Date();      //today 被设置成创建时刻相对应的日期和时间
```

2）public Date (long date)：long 型的参数 date 可以通过调用 Date 类中的 static 方法 parse(String s)来获得。例如：

```
long d1=Date.parse("Sun 6 Jan 2019 13:3:00");
Date day=new Date(d1);      //day 中时间为 2019 年 1 月 6 号星期日，13:3:00
```

（2）Data 类常用方法

1）String toString()：返回日期的格式化字符串，包括星期几。

2）void getTime()：设置日期对象，以表示自 1970 年 1 月 1 日起指定的毫秒数。

【例 5-17】Data 类的用法实例：获得当前系统日期，并显示不同格式的日期和时间。

```
package ch05;
import java.lang.System;
import java.util.Date;
public class chap05_17{
   public static void main(String args[]){
      Date today=new Date();
      //获取当前系统时间
      System.out.println("Today's date is "+today);
      String strDate,strTime="";
      System.out.println("今天的日期是: "+today);
      long time=today.getTime();
      System.out.println("自 1970 年 1 月 1 日起"+"以毫秒为单位的
                              时间 (GMT):"+time);
      strDate=today.toString();
      //提取 GMT 时间
      strTime=strDate.substring(11,(strDate.length()-4));
      //按小时、分钟和秒提取时间
      strTime="时间: "+strTime.substring(0,8);
      System.out.println(strTime);
   }
}
```

程序运行结果如下：

```
Today's date is Tue Mar 12 20:48:41 CST 2019
今天的日期是: Tue Mar 12 20:48:41 CST 2019
自 1970 年 1 月 1 日起以毫秒为单位的时间 (GMT): 1552394921319
时间: 20:48:41
```

2．Calendar 类

根据给定的 Data 类，Calendar 类可以以整型（即用一组整型如 YEAR、MONTH、DAY、HOUR）的形式检索信息。Calendar 类是一个抽象类，使用 Calender 类的 static

方法 getInstance()可以初始化一个日历对象。例如：

```
Calender calendar1= Calender.getInstance();
```

Calender 对象定义后，可以调用 set()方法来设置日期和时间，set()方法主要有以下 3 种调用方式。

```
public final void set(int year,int month,int date)
public final void set(int year,int month,int date,int hour,int minute)
public final void set(int year,int month,int date,int hour,
                      int minute,int second)
```

其中，year、month、date、hour、minute、second 等参数分别代表年、月、日、时、分、秒等信息。参数 year 取负数表示公元前的年份。

要获取有关年、月、小时、星期等信息，Calendar 对象调用方法 public int get(int field)，其中参数 field 的有效值由 Calendar 的静态常量指定。例如：

```
calendar.get(Calendar.MONTH);
```

该语句运行后将返回一个整数。如果该整数是 0，则表示当前日历是在 1 月；如果该整数是 1，则表示当前日历是在 2 月等。

Calender 对象还可以调用 getTimeInMillis()方法获取时间信息，可以返回从 1970 年 1 月 1 日至现在所经过的毫秒数。

【例 5-18】使用 Calendar 类显示时间信息。

```
package ch05;
import java.util.*;
class chap05_18
{
  public static void main(String args[])
  { Calendar calendar=Calendar.getInstance();          //创建一个日历对象
    calendar.setTime(new Date());                //用当前时间初始化日历时间
    String 年=String.valueOf(calendar.get(Calendar.YEAR)),
           月=String.valueOf(calendar.get(Calendar.MONTH)+1),
           日=String.valueOf(calendar.get(Calendar.DAY_OF_MONTH)),
         星期=String.valueOf(calendar.get(Calendar.DAY_OF_WEEK)-1);
    int hour=calendar.get(Calendar.HOUR_OF_DAY),
        minute=calendar.get(Calendar.MINUTE),
        second=calendar.get(Calendar.SECOND);
    System.out.println("现在的时间是：");
    System.out.println(""+年+"年"+月+"月"+日+"日 "+"星期"+星期);
    System.out.println(""+hour+"时"+minute+"分"+second+"秒");
    calendar.set(2017,4,20); //将日历翻到 2017 年 5 月 20 日，注意 4 表示 5 月
    long time2017=calendar.getTimeInMillis();
    calendar.set(2018,8,5); //将日历翻到 2018 年 9 月 5 日。8 表示 9 月
```

```
        long time2018=calendar.getTimeInMillis();
        long 相隔天数=(time2018-time2017)/(1000*60*60*24);
        System.out.println("2018 年 9 月 5 日和 2017 年 5 月 20 日相隔"+
                                  相隔天数+"天");
    }
}
```

程序运行结果如下：

```
现在的时间是：
2019 年 3 月 12 日 星期 2
20 时 40 分 26 秒
2018 年 9 月 5 日和 2017 年 5 月 20 日相隔 473 天
```

5.6.2 Random 类与随机数

Java 实用工具类库中的 java.util.Random 类提供了产生各种类型随机数的方法，可以产生 int、long、float、double 及 Goussian 等类型的随机数。这也是它与 java.lang.Math 中的 Random()方法最大的不同之处，后者只产生 double 型的随机数。每当需要以任意或非系统方式生成数字或模拟大自然中随机出现的情况时，可以使用 Random 类。例如，抛硬币时，抛出的正反面是不可预测的，要在程序中模拟此效果，可以使用 Random 对象。

Random 类中的方法十分简单，它只有 2 个构造方法和 6 个普通方法。

1．构造方法

Random 类提供以下 2 个构造方法。

```
public Random()
public Random(long seed)
```

Java 产生随机数需要有一个基值 seed，在第一种方法中，基值省略，则将系统时间作为 seed。

2．普通方法

1）public synonronized void setSeed(long seed)：设置基值 seed。

2）public int nextInt()：产生一个 int 型随机数。

3）public long nextLong()：产生一个 long 型随机数。

4）public float nextFloat()：产生一个 float 型随机数。

5）public double nextDouble()：产生一个 double 型随机数。

6）public synchronized double nextGoussian()：产生一个 double 型的下一个高斯分布的随机数。生成的高斯值的中间值为 0.0，而标准差为 1.0。

【例 5-19】模拟抛硬币 10 次，输出正面和反面各多少次。

```
package ch05;
import java.util.Random;
class chap05_20{
  Random randomObj=new Random();
    public static void main(String[] args){
      Random randomObj=new Random();
      int ctr=0;
      int zheng=0,fan=0;
      while(ctr<10){
        float val=randomObj.nextFloat();
        if(val<0.5){
          zheng++;
        }
        else{fan++;}
      ctr++;
    }
    System.out.println("正面"+zheng+"次。");
    System.out.println("反面"+fan+"次。");
  }
}
```

程序运行结果如下：

正面 2 次。
反面 8 次。

5.6.3 Math 类

java.lang.Math 类主要用于对数字进行一些基本操作，主要包括三角函数、指数函数、取整方法及一些常量等。

1. 三角函数

```
public static double sin(double radians)
public static double cos(double radians)
public static double tan(double radians)
public static double toRadians(double degree)
public static double toDegrees(double radians)
public static double asin(double a)
public static double acos(double b)
public static double atan(double a)
```

其中，sin()方法、cos()方法和 tan()方法的参数都是以弧度为单位的数值。asin()方法、acos()方法和 atan()方法的返回值是 $-\pi/2$～$+\pi/2$ 之间的弧度值。例如：

```
Math.toDegrees(Math.PI/2);                  //返回值为 90.0
Math.toRadians(30);                         //返回值为π/6
Math.sin(0);                                //返回值为 0.0
Math.sin(Math.toRadians(270));              //返回值为-1.0
Math.sin(Math.PI/6);                        //返回值为 0.5
Math.sin(Math.PI/2);                        //返回值为 1.0
Math.cos(0);                                //返回值为 1.0
Math.cos(Math.PI/6);                        //返回值为 0.866
Math.cos(Math.PI/2);                        //返回值为 0
Math.asin(0.5);                             //返回值为π/6
```

2. 指数函数

1）public static double exp(double x)：表示 e^x。
2）public static double log(double x)：表示 $\ln x$。
3）public static double log10 (double x)：表示 $\log_{10} x$。
4）public static double pow(double a,double b)：表示 a 的 b 次方。
5）public static double sqrt(double x)：表示 x 的平方根。
例如：

```
Math.exp(1);                                //返回值为 2.71828
Math.log(Math.E);                           //返回值为 1.0
Math.log10(10);                             //返回值为 1.0
Math.pow(2,3);                              //返回值为 8.0
Math.pow(3,2);                              //返回值为 9.0
Math.pow(3.5,2.5);                          //返回值为 22.91765
Math.sqrt(4);                               //返回值为 2.0
Math.sqrt(10.5);                            //返回值为 3.24
```

3. 取整方法

1）public static double ceil(double x)：向上取整。
2）public static double floor(double x)：向下取整。
3）public static int round(float x)：单精度浮点数四舍五入取整。
4）Public static long round(double x)：双精度浮点数四舍五入取整。

4. 常量

java.lang.Math 类还包含 E 和 PI 两个静态常量，定义值如下：

```
public static final Double E=2.7182818284590452354;
public static final Double PI=3.14159265358979323846;
```

本 章 小 结

本章主要介绍了两部分内容：第一部分是数组的定义和结构，第二部分是常见字符串类型、正则表达式，以及 Java 类库。通过本章的学习，读者应掌握数组的使用和类库的常用功能。

习题 5

一、简答题

1．String s = new String("xyz");这个语句创建了几个 String 对象？

2．数组有没有 length()这个方法？String 类有没有 length()这个方法？

3．使用 java.lang 包中 System 类的静态方法 arraycopy()可以实现数组的快速复制，运行下列程序，并总结出 arraycopy()方法参数的使用方法。

```
public class ArrayCopy
{
   public static void main(String args[])
   {
      int a[]={1,2,3,4,5};
      int b[]={101,102,103,104,105};
      int c[]=new int[8];
      System.arraycopy(a,0,c,0,4);
      System.arraycopy(b,1,c,4,4);
      for(int i=0;i<c.length;i++)
         System.out.println("c["+i+"]="+c[i]);
   }
```

4．String 字符串和 StringBuffer 字符串有什么不同？

二、选择题

1．已知如下定义：String s = "story";，下面表达式合法的是（　　）。

A．s+="books";　　B．char c=s[1];

C．int len=s.length;　　D．String t=s.toLowerCase();

2．已知表达式 int m[]={0,1,2,3,4,5,6};，下面表达式的值与数组下标量总数相等的是（　　）。

A．m.length()　　B．m.length

C．m.length()+1　　D．m.length+1

3．已知如下代码：

```
public class Test
{
   long a[]=new long[10];
   public static void main(String arg[]){
      System.out.println(a[6]);
   }
}
```

程序的运行结果是（　　）。

A．Output is null.

B．Output is 0.

C．When compile, some error will occur.

D．When running, some error will occur.

三、程序设计题

1．阅读以下程序，写出程序实现的功能。

```
public class Function{
   public static void main(String args[])
   {
      int i,j;
      int a[]={32,54,7,60,31,78,3,77,39,98};
      for(i=0;i<=8;i++){
         int k=i;
         for(j=i;j<=9;j++){
            if(a[j]<a[k]){
               int temp=a[j];
               a[j]=a[k];
               a[k]=temp;
            }
         }
      }
      for(i=0;i<=9;i++){
         System.out.print(a[i]+" ");
         System.out.println();
      }
   }
}
```

2．阅读程序，写出下列程序的运行结果。

```
public class Test2001
{
   public static void main(String args[]){
      int a[][]=new int[5][5];
```

```
        int i,j,k=1;
        for(i=0;i<5;i++)
           for(j=0;j<5;j++)
              if((i+j)<k)
              {
                 a[i][j]=k;
                 k++;
              }
              else
                 a[i][j]=0;
        for(i=0;i<5;i++)
        {
           for(j=0;j<5;j++)
              if(a[i][j]<10)
                 System.out.print(a[i][j]+"  ");
              else
                  System.out.print(a[i][j]+" ");
           System.out.println();
        }
     }
  }
```

习题 5 参考答案

第6章 异常处理

学习指南

本章首先介绍异常产生的原理和异常的层次结构，然后通过实例介绍异常处理过程中用到的语句，最后介绍自定义异常及处理过程。

难点重点

- 异常的层次结构。
- 异常处理的语句结构。
- 自定义异常。

6.1 异常处理机制

运行程序时遇到错误当然是用户不愿意看到的，但是假如由于程序错误或者某些外部因素导致程序崩溃，则用户可能再也不使用这个程序。因此，开发者至少应该做到通知用户程序出现了一个错误及允许用户安全地退出程序。对于可能造成程序崩溃的错误，Java 提供了一种称为“异常（exception）处理”的错误捕获机制来进行处理。

如果想在程序中处理异常情况，则必须重视程序中可能发生的错误和问题。常见的错误和问题如下。

1）用户输入错误：除了那些不可避免的录入错误之外，开发人员不能要求用户的输入是完全正确的。例如，用户可能要求链接一个在语法上完全错误的 URL，因此，程序应当检查该 URL 的语法。如果程序没有这样做，则处理网络数据包的部分就容易出现问题。

2）设备错误：硬件并非总是按照期望工作。例如，打印机可能被关闭。在一个任务的执行过程中，硬件常常有可能出现问题。例如，打印机可能在打印过程中已用光打印纸。

3）物理限制：磁盘可能已没有可用空间等。

4）代码错误：程序方法可能不是总是正确的。例如，方法可能产生一个错误的结果或者不正确地调用了其他方法、使用一个无效的数组索引等。

请看下面的代码：

```
public class Test{
   public static void main(String[] args){
      int[] intArray=new int[10];
      for(int count=1;count<=10;count++){
         intArray[count]=count;
      }
   }
}
```

上述代码声明了一个名为 intArray 的数组，它包含 10 个整型数，从第 2 个位置处开始赋值，直到 count 值为 10 之前，程序没有任何错误，但一旦要访问第 11 个元素，一个异常就会被抛出，其含义是“数组下标越界异常”，因为数组只含有 10 个元素，给出的序号超出了允许值。

6.2 异常的层次结构

在 Java 中，一个异常对象总是 Throwable 子类的实例。要特别指出的是，如果 Java 内建的这些类不能满足自己的需要，也可以自定义异常类。Java 异常层次结构如图 6-1 所示。

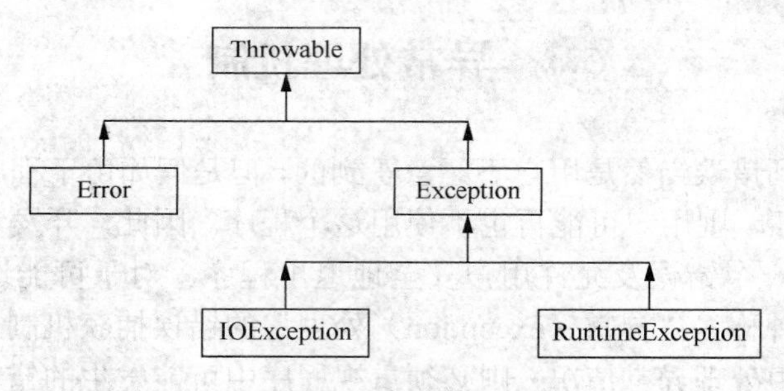

图 6-1 Java 异常层次结构

全部的异常类都是 Throwable 的子类，Throwable 的子类有两个分支，即 Error 和 Exception。

Error 类体系描述了 Java 运行时系统中的内部错误及资源耗尽的情况。应用程序不应该抛出这种类型的对象。当这种内部错误出现时，除了通知用户错误发生及尽力安全地退出程序外，在其他方面是无能为力的。这些情况也是十分罕见的。

在进行 Java 程序设计时，应关注 Exception 体系。Exception 也有两个分支：RuntimeException 的子类，以及不从它衍生的其他异常。

由编程导致的错误，会导致 RuntimeException 异常。而其他错误原因，如 I/O 错误导致程序出错，都不会导致 RuntimeException 异常。下列问题会产生从 RuntimeException 衍生的异常：

1）错误的类型转换；

2）数组越界访问；

3）试图访问一个空指针。

而下列问题会产生从 IOException 衍生出的异常：

1）试图从文件尾后面读取数据；

2）试图打开一个并不存在的文件；

3）试图打开一个错误格式的 URL。

可以说，如果出现 RuntimeException 异常，则一定是开发者的问题。编程时应尽力避免出错。例如，应当通过测试数组下标和数组边界来避免 ArrayIndexOutOfBoundsException 异常；而在使用一个变量前，通过检查它是否为空，可以避免 NullpointerException 异常。

在 Java 语言规范中，任何 Error 的子类及 RuntimeException 的子类都称为未检查（unchecked）异常，而其他异常都称为已检查（checked）异常。

6.3 异常处理语句

6.3.1 抛出异常

微课：异常的捕获处理方式

如果一个 Java 方法遇到自己无法处理的情况，就应该抛出一个异常。其原理很简单，一个方法不仅仅要告诉编译器它会返回什么样的值，还要告诉编译器可能发生什么样的错误。

在方法头中声明可能会抛出的异常，这要用到 throws 关键字，其语法格式如下：

```
scope returnType methodName(argumentList) throws ExceptionList{…}
```

throws 关键字是方法中真正产生异常和程序流程改变的地方。

【例 6-1】抛出异常实例：在 div()方法中声明它可能抛出一个 ArithmeticException 异常。

```
package ch06;
public class Test1{
   public static void main(String[] args){
      int z=0;
      z=div(6,0);
      System.out.println(z);
   }
   static int div(int x,int y) throws ArithmeticException{
      if(y==0){
         throw new ArithmeticException();
      }else{
         return x/y;
      }
   }
}
```

6.3.2 捕获异常

1．try…catch 语句

在一些代码中，异常抛出后就可以不必理会了，但是在有些代码中必须捕捉这些异常。捕捉异常需要使用 try…catch 语句编写错误处理过程，其语法格式如下：

```
try
{
   //可能产生异常的代码
}catch(ExceptionType e){
   //异常处理代码
}
```

如果 try 块内的任何代码抛出了由 catch 子句指定的异常，则

1）程序跳过 try 块中的其他代码；

2）程序执行 catch 子句中的处理代码。

【例 6-2】try…catch 实例：捕捉例 6-1 除法运算中产生的异常。

```
package ch06;
public class  Test2{
   public static void main(String[] args){
      int z=0;
      try{
         z=div(6,0);
         System.out.println(z);
      }catch(Exception e){
         System.out.println("running catch");
      }
   }
   static int div(int x,int y) throws ArithmeticException{
      if(y==0){
         throw new ArithmeticException();
      }else{
         return x/y;
      }
   }
}
```

可能抛出异常的代码部分是 div()方法（给 div()方法传递能够产生异常的参数）。try 块可以包含任意合法而又可能抛出异常的 Java 语句。try…catch 中的语句发生异常，系统就会生成一个异常类的对象，传递给 catch 块，并执行 catch 块内的处理语句，而 try 块中发生异常的代码行，即 z=div(6,0);之后的语句将不被执行，转而执行 try…catch 块

之后的代码。

故例 6-2 的运行结果如下：

```
running catch
```

可以访问异常对象 e 中的变量和方法，就如同其他普通对象一样。例如，调用异常类中的 getMessage()方法，可以获取异常信息。

2. finally 语句块

Java 的 try…catch 语句支持可选的 finally 语句块。如果定义了 finally 块，则可以在把控制权交给其他程序代码之前，用它处理任何必要的清理工作（如关闭文件、释放资源等）。finally 块的目的是将系统恢复到应该处于的状态。

finally 块的语法格式如下：

```
finally{
    //必须执行的代码
}
```

【例 6-3】捕获异常实例：在例 6-2 中添加 finally 块。

```
package ch06;
public class Test3{
    public static void main(String[] args){
        int z=0;
        try{
            z=div(6,0);
            System.out.println(z);
        }catch(Exception e){
            System.out.println("running catch");
        }finally{
            System.out.println("running finally");
        }
        System.out.println("running here");
    }
    static int div(int x,int y) throws ArithmeticException{
        if(y==0){
            throw new ArithmeticException();
        }else{
            return x/y;
        }
    }
}
```

程序运行结果如下：

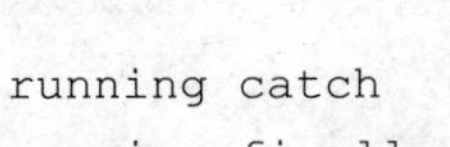

```
running catch
running finally
running here
```

从运行结果可以看出，在跳出 try…catch 语句之前（即输出 running here 之前），程序执行了 finally 块内的代码。

try…catch…finally 语句的执行有以下几种情况：

1）代码不抛出异常。在这种情况下，程序首先会执行 try 块内的所有代码，随后会执行 finally 子句的代码，然后执行 try 块后的第一行代码。

2）代码抛出的异常在 catch 子句中被捕获。对例 6-3 来说，程序会执行 try 块内的所有代码，直到产生异常为止，try 块内剩下的代码则会被跳过。随后，程序会执行相应的 catch 子句的代码，再执行 finally 子句的代码。如果 catch 子句没有抛出异常，则程序执行 try 块后的第一行代码；如果 catch 块抛出了异常，则这个异常会返回到该方法的调用者。

3）代码抛出异常，但未在任何 catch 子句中捕捉。对于这种情况，程序会执行 try 块内异常抛出前的所有代码。try 块内剩余的代码会被跳过。随后，会执行 finally 子句的代码，再将异常返回该方法的调用者。

4）Java 也可以无须 catch 子句，直接使用 finally 子句。

6.4 自定义异常类

异常类的定义和使用过程如下：

1）自定义一个异常类：

```
class 异常类名 extends Exception
{
   public 异常类名()
   {
   }
   public 异常类名(String msg)
   {
      super(msg);
   }
}
```

2）在可能出现异常的方法中，根据情况抛出自定义异常。

3）在方法体类捕获自定义异常。

【例 6-4】自定义异常实例：自定义一个异常判断 Student 类对象的 age 属性值是否合法。

```
package ch06;
public class ExceptionTest{
```

```
    public static void main(String[] args){
      Student stu1=null;
        try{
          stu1=new Student("小喵",-2,true);
        }catch(IllegalAgeException e){
          System.out.println("输入的年龄非法！异常的原因是："+e.getMessage());
        }
        System.out.println(stu1);
    }
}
//自定义一个IllegalAgeException类
class IllegalAgeException extends Exception{
    public IllegalAgeException(){
    }
    public IllegalAgeException(String Message){
      super(Message);
    }
}
class Student{
    private String name;
    private int age;
    private boolean sex;
    public Student(String name, int age, boolean sex) throws
                    IllegalAgeException{
      super();
      this.name=name;
      if(age<0){
        throw new IllegalAgeException("给定学生年龄："+age+"是非法的！");
      }
      this.age=age;
      this.sex=sex;
    }
    public String toString(){
      return "学生姓名："+name+"，年龄："+age+"，性别："+(sex?"男":"女");
    }
}
```

程序运行结果如下：

```
输入的年龄非法！异常的原因是：给定学生年龄：-2是非法的！
null
```

本章小结

本章主要介绍了异常的概念和层次结构、异常处理语句的基本结构、自定义异常类的过程及异常处理常用的调试方法。

习题 6

一、简答题

1．什么是异常？为什么要进行异常处理？

2．Error 类和 Exception 类有什么区别？

二、选择题

1．在异常处理中，释放资源、关闭文件、关闭数据库等由（　　）来完成。

A．try 子句　　B．catch 子句

C．finally 子句　　D．throws 子句

2．当方法遇到异常又不知如何处理时，下列说法正确的是（　　）。

A．捕获异常　　B．抛出异常

C．声明异常　　D．嵌套异常

3．使用关键字（　　）可以抛出异常。

A．transient　　B．throws　　C．throw　　D．static

三、填空题

1．按异常处理不同可分为捕获异常、声明异常和________3 种。

2．Java 语言中，通常把可能发生异常的方法调用语句放到 try 块中，并用紧跟其后的________块来捕获和处理异常。

3．Throwable 类是类库________中的一个类，它派生了两个子类：________和________。

四、程序设计题

自定义一个异常类，测试输入成绩是否在 0～100 之间。

习题 6 参考答案

第7章 Java的输入/输出

学习指南

本章首先介绍输入/输出流的原理，由这些原理出发通过实例实现了使用字节输入/输出流和字符输入/输出流进行的文件操作；最后介绍使用 Java 的标准类型实现文件的创建过程和访问过程。

难点重点

- 输入/输出流的原理。
- 字节输入/输出流。
- 字符输入/输出流。
- File 类。
- 输入/输出文件流。
- 随机读/写文件流的输入/输出。
- 标准输入/输出流。

7.1 输入/输出流简介

在程序设计中，经常需要从外部设备输入数据到内存，由应用程序处理后，再输出到外部设备。

应用程序需要与外部设备进行数据交换，例如，经常需要从键盘输入数据，在文件中读/写数据及在网络上传输数据。输入和输出（input/output，I/O）是程序设计语言的一项重要功能，是程序与用户之间沟通的桥梁。Java 语言定义了许多类，专门负责处理各种方式的输入/输出，这些类都放在 java.io 包中。

1. 输入/输出流的概念

为了使一个 Java 程序能与外界交流数据信息，Java 语言必须提供输入/输出功能。例如，从键盘读取数据，从文件中读取数据或向文件写数据，将数据输出到打印机及通过一个网络连接进行读/写操作等。输入/输出时，数据在通信通道中流动。所谓数据流（data stream），指的是计算机输入/输出操作中流动的数据序列。例如，执行程序通常会将各种信息输出到显示器。又如，一个程序在打开某一文件时，程序和文件之间就建立起一个数据流，文件的内容就是数据流中的数据。若这个文件是程序所要读取的文件，那么数据流的源就是文件，而目的地就是程序；若要对文件进行写入操作，则情况相反。总之，只要是数据从一个地方“流”到另外一个地方，这种流动的数据都可以称为数据流。

从程序设计的角度看，基于数据流的概念编写程序也是比较简单的。当程序是数据流的源时，一旦建立起数据，便可以不理会数据流的目的地是哪里（可能是显示器、打印机、网络系统中的远端客户等），可以将对方看成一个会接收数据的“黑匣子”，程序只负责提供数据即可。而若程序是数据流的终点，那么等数据流建立完成后，也同样不必关心数据流的起点是哪里，只要索取自己想要使用的数据即可。

输入/输出是相对程序来说的。程序在使用数据时所扮演的角色有两个：一个是源，一个是目的地。若程序是数据流的源，即数据的提供者，则这个数据流对于程序而言就是输出流（数据从程序流出）。若程序是数据流的目的地，则这个数据流对于程序而言就是输入流（数据从程序外流向程序）。

2．输入/输出流的层次

java.io 包提供了 60 多个类（流），其从功能上分为输入流和输出流，从流结构上可分为字节流（以字节为处理单位或称面向字节）和字符流（以字符为单位或面向字符）。字节流的输入流和输出流基础是 InputStream 和 OutputStream 这两个抽象类，字节流的输入/输出操作由这两个类的子类实现。RandomAccessFile 类是一个例外，它允许对文件进行随机访问，可以同时对文件进行输入（读）或输出（写）操作。字符流是 Java 1.1 版后新增的以字符为单位进行输入/输出处理的流，字符流输入/输出的基础是抽象类 Reader 和 Writer。它们都是 java.lang.Object 的子类。

（1）InputStream 类

所有字节流数据的输入流都是从抽象类 InputStream 继承来的，它负责从流中获取数据。InputStream 类的继承层次结构如图 7-1 所示。

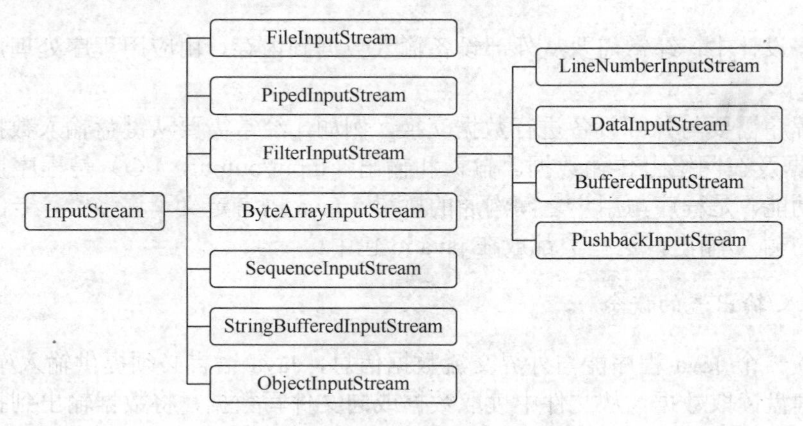

图 7-1　InputStream 类的继承层次结构

表 7-1 对 InputStream 类做了一个简单的描述。

表 7-1 InputStream 类

子类	描述
FileInputStream	从文件系统中的某个文件中获取输入字节
PipedInputStream	传送输入流应该连接到传送输出流；传送输入流会提供要写入传送输出流的所有数据字节
FilterInputStream	包含其他一些输入流，它将这些流用作其基本数据源，可以直接传输数据或提供一些额外的功能
ByteArrayInputStream	包含一个内部缓冲区，该缓冲区存储从流中读取的字节
SequenceInputStream	表示其他输入流的逻辑串联
StringBufferedInputStream	已过时。此类未能正确地将字符转换为字节
ObjectInputStream	对以前使用 ObjectOutputStream 对象写入的基本数据和对象进行反序列化
LineNumberInputStream	已过时。此类错误假定字节能充分表示字符
DataInputStream	数据输入流允许应用程序以与机器无关的方式从基础输入流中读取基本 Java 数据类型。应用程序可以使用数据输出流写入稍后由数据输入流读取的数据
BufferedInputStream	作为另一种输入流，BufferedInputStream 为 InputStream 添加了功能，即缓冲输入和支持 mark()方法和 reset()方法的能力
PushbackInputStream	向另一个输入流添加“推回”（push back）或“取消读取”（unread）一个字节的功能

（2）OutputStream 类

所有字节流数据的输出流都是从抽象类 OutputStream 继承来的，它负责向流中写入数据。OutputStream 的继承层次结构如图 7-2 所示。

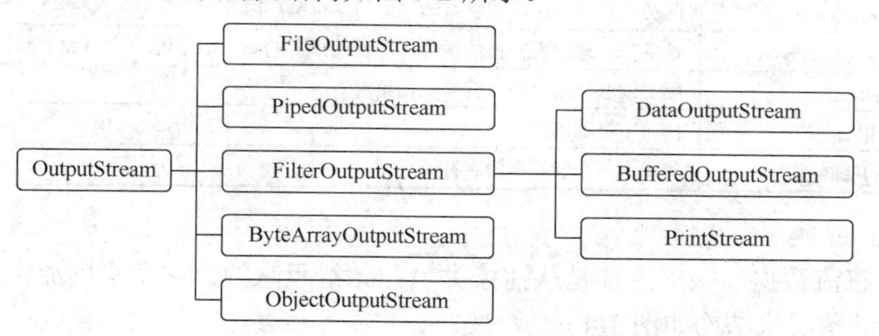

图 7-2 OutputStream 的继承层次结构

表 7-2 对 OutputStream 类做了一个简单的描述。

表 7-2 OutputStream 类

子类	描述
FileOutputStream	文件输出流是用于将数据写入 File 或 FileDescriptor 的输出流
PipedOutputStream	传送输出流可以连接到传送输入流，以创建通信通道
FilterOutputStream	此类是过滤输出流的所有类的超类
ByteArrayOutputStream	此类实现了一个输出流，其中的数据被写入一个字节数组
ObjectOutputStream	将 Java 对象的基本数据类型和图形写入 OutputStream 对象
DataOutputStream	数据输出流允许应用程序以适当方式将基本 Java 数据类型写入输出流
BufferedOutputStream	该类实现缓冲的输出流
PrintStream	为其他输出流添加功能，使它们能够方便地输出各种数据值表示形式

（3）Reader 类

所有字符流数据的输入流都是从抽象类 Reader 继承来的，它负责从流中获取数据。Reader 的继承层次结构如图 7-3 所示。

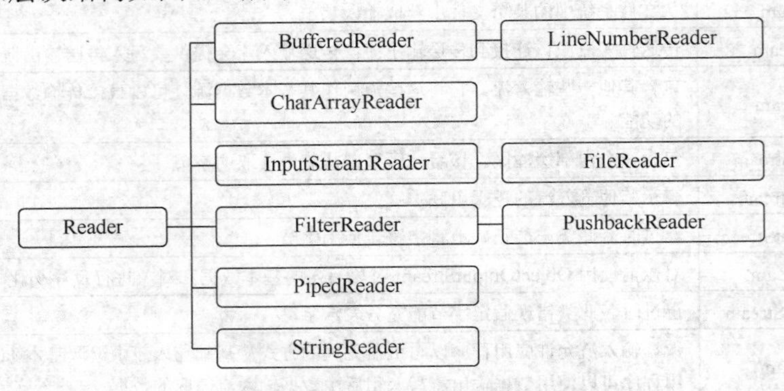

图 7-3　Reader 的继承层次结构

表 7-3 对 Reader 类做了一个简单的描述。

表 7-3　Reader 类

子类	描述
BufferedReader	从字符输入流中读取文本，缓冲各个字符，从而实现字符、数组和行的高效读取
CharArrayReader	此类实现一个可用作字符输入流的字符缓冲区
InputStreamReader	是字节流通向字符流的桥梁，它使用指定的 charset 读取字节并将其解码为字符
FilterReader	用于读取已过滤的字符流的抽象类
PipedReader	传送字符输入流
StringReader	其源为一个字符串的字符流

（4）Writer 类

所有字符流数据的输出流都是从抽象类 Writer 继承来的，它负责向流中写入数据。Writer 类的继承层次结构如图 7-4 所示。

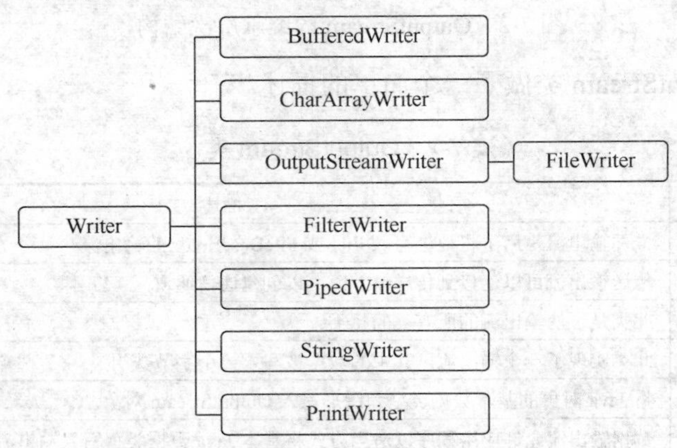

图 7-4　Writer 的继承层次结构

表 7-4 对 Writer 类做了一个简单描述。

表 7-4 Writer 类

子类	描述
BufferedWriter	将文本写入字符输出流，缓冲各个字符，从而实现单个字符、数组和字符串的高效写入
CharArrayWriter	此类实现一个可用作 Writer 的字符缓冲区
OutputStreamWriter	是字符流通向字节流的桥梁，使用指定的 charset 将要向其写入的字符编码为字节
FilterWriter	用于写入已过滤的字符流的抽象类
PipedWriter	传送字符输出流
StringWriter	一个字符流，可以用其回收在字符串缓冲区中的输出来构造字符串
PrintWriter	向文本输出流输出对象的格式化表示形式

7.2 字节输入/输出流

一般来说，处理字符或字符串时应使用字符流类，处理字节或二进制数据时应使用字节流类。InputStream 类和 OutputStream 类为字节流设计，Reader 类和 Writer 类则为字符流设计。但在最底层，所有的输入/输出都是字节形式的，基于字符的流只是为了处理字符更方便一些。

在字节流中，输入流用 InputStream 类完成，输出流用 OutputStream 类完成。InputStream 类和 OutputStream 类是两个抽象类，还不能表明具体对应哪种 I/O 设备。它们有许多子类，包括网络、通道、内存、文件等具体的 I/O 设备，如 FileInputStream 类对应的就是文件输入流。作为抽象类，InputStream 类和 OutputStream 类不能直接生成对象，只能通过全部实现其接口的子类来生成程序中所需要的对象，而且 InputStream 类和 OutputStream 类的子类一般会将 InputStream 类和 OutputStream 类中定义的基本方法重写，以提高效率或适应特殊流的需要。

7.2.1 字节输入流

InputStream 类中定义的所有方法在遇到错误时都会引发 IOException 异常。InputStream 类中的方法有以下几种。

1. 从流中读取数据

1）int read()：读取一个字节，返回值为所读字节的整型表示。如果返回值为-1，则表明文件结束。

2）int read(byte b[])：读取多个字节，放置到字节数组 b 中，通常读取的字节数量为 b 的长度，返回值为实际读取的字节数量。

3）int read(byte b[],int off,int len)：读取 len 字节，放置到以下标 off 开始的字节数组 b 中，返回值为实际读取的字节数量。

4）int available()：返回值为流中尚未读取的字节数量。

5）long skip(long n)：读指针跳过 n 字节不读，返回值为实际跳过的字节数量。

2. 关闭流

close()：关闭流。流操作完毕后必须关闭。

3. 使用输入流中的标记

1）void mark(int readlimit)：记录当前读指针所在位置，读指针读出 readlimit 字节后所标记的指针位置才失效。

2）void reset()：把读指针重新指向用 mark()方法所记录的位置。

3）boolean markSupported()：当前的流是否支持读指针的记录功能。

7.2.2 字节输出流

OutputStream 是一个定义了输出流的抽象类，这个类中的所有方法的返回值均为 void，并在遇到错误时引发 IOException 异常。OutputStream 类中的方法有以下几种。

1. 输出数据

1）void write(int b)：向流中写一个字节 b，这里的参数是 int 型，它允许不转成 byte 型。

2）void write(byte b[])：向流中写一个字节数组 b。

3）void write(byte b[],int off,int len)：把字节数组 b 中从下标 off 开始、长度为 len 的字节写入流中。

2. 刷新

flush()：刷空输出流，并输出所有被缓存的字节。由于某些流支持缓存功能，该方法将把缓存中所有内容强制输出到流中。

3. 关闭流

close()：关闭流。

7.3 字符输入/输出流

Java 中的字符是 Unicode 编码，是双字节的，而 InputStream 类和 OutputStream 类是处理字节的，在处理字符文本时不太方便，为此 Java 设计了字符流类。Reader 和 Writer 两个抽象类分别与 InputStream 类和 OutputStream 类相对应。这两个类是抽象类，只是提供了一系列用于字符流处理的接口，不能生成这两个类的实例，只能通过使用由它们派生出来的子类所生成的对象来处理字符流，它们的子类处理具体 I/O 设备的字符输入/输出，例如，FileReader 类用来读取文件流中的字符。

7.3.1 字符输入流

Reader 类是处理所有字符流输入类的父类。该类的所有方法在出错情况下都将引发 IOException 异常。

Reader 类的功能大体和 InputStream 类相同，Reader 类中的方法有以下几种。

1. 读取字符

1）public int read() throws IOException：读取一个字符，返回值为读取的字符。

2）public int read(char cbuf[]) throws IOException：读取一系列字符到 cbuf[]中，返回值为实际读取的字符的数量。

3）public abstract int read(char cbuf[],int off,int len) throws IOException：读取 len 个字符，从数组 cbuf[]的下标 off 处开始存放，返回值为实际读取的字符的数量，该方法必须由子类实现。

2. 标记流

1）public boolean markSupported()：判断当前流是否支持作标记。

2）public void mark(int readAheadLimit) throws IOException：给当前流作标记，最多支持 readAheadLimit 个字符的回溯。

3）public void reset() throws IOException：将当前流重置到作标记处。

3. 关闭流

public abstract void close() throws IOException：关闭输入流。

7.3.2 字符输出流

Writer 类是处理所有字符输出类的父类。该类的所有方法的返回值均为 void，并在出错情况下引发 IOException 异常。

Writer 类的功能与 OutputStream 类基本相同，Writer 类中的方法有以下几种。

1. 向输出流写入字符

1）public void writer(int c)throws IOException：将整型值 c 的低 16 位写入输出流。

2）public void writer(char cbuf[]) throws IOException：将字符数组 cbuf[]写入输出流。

3）public abstract void writer(char cbuf[],int off,int,len) throws IOException：将字符数组 cbuf[]中的从索引为 off 的位置处开始的 len 个字符写入输出流。

4）public void writer(String str) throws IOException：将字符串 str 中的字符写入输出流。

5）public void writer (String str,int off,int,len) throws IOException：将字符串 str 中从索引为 off 的位置处开始的 len 个字符写入输出流。

2．刷新

public abstract void flush()：刷空输出流，并输出所有被缓存的字节。

3．关闭流

public abstract void close() throws IOException：关闭输出流。

7.4 文件的创建与访问

在 I/O 处理中，最常见的是对文件的操作。在 java.io 包中，有关文件处理的类有 File、FileInputStream、FileOutputStream、RamdomAccessFile 和 FileDescriptor，接口有 FilenameFilter。

7.4.1 File 类

File 类支持以与机器无关的方式来描述一个文件对象的属性。下面介绍 File 类的方法。

1．构造方法

```
public File(String path)  /*如果 path 是实际存在的路径，则该 File 对象表示目录；
                             如果 path 是文件名，则该 File 对象表示文件*/
public File(String path,String name)    //path 是路径名，name 是文件名
public File(File dir,String name)       //dir 是路径名，name 是文件名
```

例如：

```
File file1=new File("d:/myfile/file.txt");
File file2=new File("d:/myfile","file.txt");
File myDir=new File("d:/myfile");
File file3=new File(myDir,"file.txt");
```

其中，路径也可以是相对路径。如果应用程序中只用一个文件，则第一种创建文件的结构是最容易的。如果要在同一目录打开数个文件，则第二种或第三种结构更好一些。

2．文件名相关的处理方法

1）String getName()：得到一个文件的名称（不包括路径）。
2）String getPath()：得到一个文件的路径。
3）String getAbsolutePath()：得到一个文件的绝对路径。
4）String getParent()：得到一个文件的上一级目录名。
5）String renameTo(File newName)：将当前文件更名为给定文件名。

3．文件属性测试

1）boolean exists()：测试当前 File 对象所指示的文件是否存在。
2）boolean canWrite()：测试当前文件是否可写。
3）boolean canRead()：测试当前文件是否可读。
4）boolean isFile()：测试当前文件是否为文件（不是目录）。
5）boolean isDirectory()：测试当前文件是否为目录。

4．普通文件信息和工具

1）long lastModified()：得到文件最近一次修改时间。
2）long length()：得到文件的长度，以字节为单位。
3）boolean delete()：删除当前文件。

5．目录操作

1）boolean mkdir()：根据当前对象生成一个由该对象指定的路径。
2）String list()：列出当前目录下的文件。

7.4.2 输入/输出文件流

输入/输出文件流指的是 FileInputStream 类和 FileOutputStream 类，它们分别继承了 InputStream 类和 OutputStream 类，用来对文件进行输入/输出处理，由它们所提供的方法可以打开本地主机上的文件，并进行顺序的输入/输出。

1．创建字节输入文件流 FileInputStream 类对象

若需要以字节为单位顺序读出一个已存在的文件中的数据，则可使用字节输入流 FileInputStream。可以用文件名、文件对象或文件描述符建立字节文件流对象。FileInputStream 类的构造方法有以下两种。

1）FileInputStream(String name)：用文件名 name 建立流对象。
例如：

```
FileInputStream fis=new FileInputStream("c:/config.sys");
```

2）FileInputStream(File file)：用文件对象 file 建立流对象。
例如：

```
File myfile=new File("c:/config.sys");
FileInputStream fis=new FileInputStream(myFile);
```

若创建 FileInputStream 输入流对象成功，就相应打开了该对象对应的文件，就可以从文件读取信息了。若创建对象失败，则产生异常 FileNotFoundException，这是一个非运行时异常，必须捕获和抛出，否则编译会出错。

2．读取文件信息

使用 FileInputStream 类的构造方法创建输入流对象，就在程序和对应文件之间建立了一个通道，并打开了相应文件，此时就可以使用该对象的方法从文件中读取数据了。

读取字节信息，一般使用 read()成员方法和它的重载方法。

1）int read()：读流中一个字节，若流结束则返回-1。

2）int read(byte b[])：从流中读字节填满字节数组 b，返回所读字节数，若流结束则返回-1。

3）int read(byte b[],int off,int len)：从流中读字节填入 b[off]开始处，返回所读字节数，若流结束则返回-1。

3．创建字节输出文件流 FileOutputStream 类对象

FileOutputStream 对象可表示一种创建并顺序写的文件。在构造此类对象时，若指定路径的文件不存在，则会自动创建一个新文件；若指定路径已有一个同名文件，则该文件的内容将被保留或删除。

FileOutputStream 对象用于向一个文件写数据。像输入文件一样，也要先打开这个文件后才能写这个文件。要打开一个 FileOutputStream 对象，像打开一个输出流一样，可以将字符串或文件对象作为参数。FileOutputStream 类的构造方法有以下两种。

1）FileOutputStream(String name)：用文件名 name 建立流对象。

例如：

```
FileOutputStream fos=new FileOutputStream("d:/out.dat");
```

2）FileOutputStream(File file)：用文件对象 file 建立流对象。

例如：

```
File myfile=new File("d:/out.dat");
FileOutputStream fos=new FileOutputStream(myFile);
```

以上两种构造方法还允许使用第二个参数：boolean append。若这个参数的值为 true，则打开文件时写指针指向文件尾（指定文件已存在时，该文件原有数据将保留），即在文件尾部追加写入数据。

4．向输出流写信息

向 FileOutputStream 对象写入信息，一般用 write()方法，该方法的重载方法有以下几种。

1）void write(int b)：将整型数据的低字节写入输出流。

2）void write(byte b[])：将字节数组 b 中的数据写入输出流。

3）void write(byte b[],int off,int len)：将字节数组 b 中从 off 开始的 len 字节数据写入输出流。

5．关闭 FileInputStream

从文件读取数据完毕后，可以使用两种方法关闭流：一种是显式关闭流对象，使用 close()方法；另一种是隐式关闭输入流，Java 有自动垃圾收集系统，可以自动进行资源回收。在编程过程中，推荐采用第一种方式关闭流。例如：

```
fos close();
```

【例 7-1】FileInputStream 与 FileOutputStream 应用实例（文件名是 FileStreamDemo.java)。程序可以复制文件，先从来源文件读取数据至一个 byte 数组中，然后将 byte 数组的数据写入目的文件。

```
package ch07;
import java.io.*;
public class FileStreamDemo{
   public static void main(String[] args){
      try{
         byte[] buffer=new byte[1024];
         //来源文件
         FileInputStream fileInputStream=new FileInputStream(new
                                             File(args[0]));
         //目的文件
         FileOutputStream fileOutputStream=new FileOutputStream(new
                                             File(args[1]));
         //available()可取得未读取的数据长度
         System.out.println("复制文件："+fileInputStream.available()+"字节");
         while(true){
            if(fileInputStream.available()<1024){
               //剩余的数据少于 1024 字节，则一位位地读出并写入目的文件
               int remain=-1;
               while((remain=fileInputStream.read())!=-1){
                  fileOutputStream.write(remain);
               }
               break;
            }else{
               //从来源文件读取数据至缓冲区
               fileInputStream.read(buffer);     //将数组数据写入目的文件
               fileOutputStream.write(buffer);
            }
         }
         //关闭流
         fileInputStream.close();
         fileOutputStream.close();
```

```
            System.out.println("复制完成");
        } catch (ArrayIndexOutOfBoundsException e){
            System.out.println("using: java FileStreamDemo src des");
            e.printStackTrace();
        } catch (IOException e){
            e.printStackTrace();
        }
    }
}
```

例 7-1 示范了两个 read()方法，一个方法可以读入指定长度的数据至数组，另一个方法可以一次读入一个字节。每次读取之后，读取的指针会前进，如果读不到数据则返回-1。使用 available()方法获得还有多少字节可以读取。除了使用 File 来建立 FileInputStream、FileOutputStream 的实例之外，也可以直接使用字符串指定路径来建立。

```
//来源文件
FileInputStream fileInputStream=new FileInputStream(args[0]);
//目的文件
FileOutputStream fileOutputStream=new FileOutputStream(args[1]);
```

若不再使用文件流，要使用 close()方法自行关闭流，以释放与流相关的系统资源。例如，将 FileDemo.java 复制为 FileDemo.txt：

```
java onlyfun.caterpillar.FileStreamDemo FileDemo.java FileDemo.txt
复制文件：1723 字节
复制完成
```

FileOutputStream 默认以新建文件的方式来开启流。如果指定的文件名称已经存在，则原文件会被覆盖；如果想以附加的模式来写入文件，则可以在构建 FileOutputStream 实例时指定为附加模式。例如：

```
FileOutputStream fileOutputStream=new FileOutputStream(args[1],true);
```

如果构建方法的第二个 append 参数设置为 true，则在开启流时：如果文件不存在，则会新建一个文件；如果文件存在，则直接开启流，并将写入的数据附加至文件末端。

7.4.3 随机读/写文件流的输入/输出

InputStream 和 OutputStream 的实例都是顺序访问的流，也就是说，只能对文件进行顺序读/写。随机访问文件则允许对文件内容进行随机读/写。在 Java 中，RandomAccessFile 类提供了随机访问文件的方法。RandomAccessFile 类声明为

```
public class RandomAccessFile extends Object implements
                              DataInput,DataOutput
```

DataInput 接口中定义的方法的功能主要包括从流中读取基本类型的数据、读取一行

数据或者读取指定长度的字节数，如 readBoolean()、readInt()、readLine()、readFully()等。

DataOutput 接口中定义的方法的功能主要包括向流中写入基本类型的数据，或者写入一定长度的字节数组，如 writeChar()、writeDouble()、write()等。下面详细介绍 RandomAccessFile 类中的方法。

1. 构造方法

构造方法的语法格式如下：

```
RandomAccessFile(String name,String mode);
        //name 是文件名，mode 是打开方式，例如，"r"表示只读，"rw"表示可读写
RandomAccessFile(File file,String name);  //file 是文件对像
```

2. 文件指针的操作

文件指针操作的语法格式如下：

```
long getFilePointer();            //用于得到当前的文件指针
void seek(long pos);              //用于移动文件指针到指定的位置
int skipBytes(int n);             //使文件指针向前移动 n 字节
```

【例 7-2】使用随机访问文件读/写数据。

微课：随机读写文件流的输入与输出

```
package ch07;
import java.io.*;
public class RandomAccessFileTest{
  public static void main(String[] args){
    //自动生成方法存根
    int lineNo;
    long fp;
    InputStreamReader stdin=new InputStreamReader(System.in);
    BufferedReader bufin=new BufferedReader(stdin);
    try{
      RandomAccessFile file=new RandomAccessFile("io.txt","rw");
      System.out.println("请输入 5 个字符串:\n");
      int len[]=new int[5];
      String inputString[]=new String[5];
      for(int i=0;i<5;i++){
        System.out.println("行号"+(i+1)+".");
        inputString[i]=bufin.readLine();
        len[i]=inputString[i].length();
        file.write((inputString[i]+"\n").getBytes());
      }
      while(true){
        fp=0;
```

```
                file.seek(0);
                System.out.println("你要显示第几行? "+"(1-5)");
                lineNo=Integer.parseInt(bufin.readLine());
                for(int i=1;i<lineNo;i++){
                   fp=fp+(long)len[i-1]+1;
                }
                file.seek(fp);
                System.out.println("第"+lineNo+"行"+":"+file.readLine());
                System.out.println("继续吗? "+"(y/n)");
                if((bufin.readLine().equals("n")))
                   break;
             }
          }catch(FileNotFoundException e){
             //自动生成 catch 块
             e.printStackTrace();
          }catch(IOException e){
             //自动生成 catch 块
             e.printStackTrace();
          }
       }
    }
```

7.4.4 标准输入/输出流

为方便使用计算机常用的输入/输出设备，各种高级语言都规定了可用的标准设备。标准设备也称为预定义设备，在程序中使用标准设备时，不用专门打开操作就能简单地应用。一般地，标准输入设备是键盘，标准输出设备是显示器，标准错误输出设备也是显示器。

Java 语言的系统类 System 提供访问标准输入/输出设备的功能。System 类是继承自 Object 类的终极类，它有 3 个类变量：in、out 和 err，分别表示标准输入流、标准输出流和标准错误输出流。

1. 标准输入流

System 类的类变量 in 表示标准输入流。当标准输入流打开后，系统就做好了提供输入数据的准备。一般这个流对应键盘输入，可以使用 InputStream 类的 read()和 skip(long n)等方法从输入流获得数据。其中，read()用于从输入流中读出一个字节，skip(long n)用于在输入流中跳过 n 个字节。

2. 标准输出流

System 类的类变量 out 表示标准输出流。当标准输出流打开后，系统就做好了接收数据的准备。一般这个流对应显示器输出，可以使用 print()方法或 println()方法来输出数据，这两个方法支持 Java 的任意基本类型作为参数。标准输出允许输出重定向。

3．标准错误输出流

System 类的类变量 err 表示标准错误输出流。当标准错误输出流打开后，系统就做好了接收数据的准备。一般这个流也对应显示器输出，与 System.out 一样，可以访问 PrintStream 类的方法。标准错误输出不允许重定向。

【例 7-3】读/写标准文件。将从键盘输入的字符输出到屏幕并统计输出的字符数。

```
package ch07;
import java.io.*;
class MyType{
   public static void main(String arg[]) throws IOException{
      int b,count=0;
      System.out.println("请输入:");
      while((b=System.in.read())!=13){
         count++;
         System.out.print((char)b);
      }
      System.out.println();          //输出换行
      System.out.println("\n 输出了"+count+"个字符。");
   }
}
```

程序运行时，显示“请输入:”，这时可在光标处输入任意字符，输入结束按 Enter 键，则立即显示输入的字符并统计输出的字符数。

本 章 小 结

本章主要介绍了输入/输出流的基本概念、字节输入流和输出流的实现、字符输入流和输出流、文件的创建与访问等内容。

习题 7

一、简答题

什么是数据流？流式文件输入/输出的特点是什么？

二、程序设计题

1．阅读下面的程序并写出运行结果。
（文件 file.txt 的内容为 How are you?）

```
import java.io.*;
   public class TestFile{
      public static void main(String[] args) throws IOException{
         File inputFile=new File("file1.txt");
         FileReader in=new FileReader(inputFile);
         int c;
         while((c=in.read())!=-1)
         {
            if(c==0)
            {
               System.out.println();
               continue;
            }
            System.out.print((char)c);
         }
         in.close();
      }
   }
```

2．编写程序，在当前目录下建立两个文件 my1.txt 和 my2.txt，文件 my1.txt 的内容由键盘输入，然后将 my1.txt 的内容写到 my2.txt 中。

3．编写程序，从键盘读入一个字符串，将其反向输出。例如，输入 “abcdef”，输出 “fedcba”。

4．编写程序，从键盘输入一个字符串（输入的字符串以“#”结束），将其中的小写字母转换成大写字母，然后将其保存到文本文件 file.txt 中。

习题 7 参考答案

第8章 多线程

学习指南

本章主要介绍多线程编程的有关知识。多线程的重点是线程的两种实现方法。学习本章内容需要掌握 Java 编程的基本技能。

难点重点

- 创建 Java 线程。
- 线程的插队和让步。
- 互斥锁。
- 多线程的同步。

8.1 线程概述

8.1.1 进程

1. 线程与进程

在讲述线程之前，有必要了解一下“进程”的概念，以及它与线程的联系与区别。

（1）进程和线程的定义

现在所使用的大多数操作系统属于多任务、分时操作系统。正是由于这种操作系统的出现才有了多线程这个概念。常用的 Windows、Linux 就属于此列。什么是分时操作系统呢？通俗地讲，分时操作系统就是可以同一时间执行多个程序的操作系统。例如，在计算机上可以一边听歌，一边聊天，还可以同时看网页。而实际上，并不是 CPU 在同时执行这些程序，CPU 只是将时间划分为时间片，并将时间片分配给这些程序，获得时间片的程序开始执行，不等其执行完毕，下一个程序又获得时间片开始执行，这样多个程序轮流执行一段时间。由于 CPU 的高速计算能力，给人的感觉就像是多个程序同时执行一样。

可以在同一时间内执行多个程序的操作系统都有进程的概念。一个进程就是一个执行中的程序，而每一个进程都有独立的一块内存空间、一组系统资源。在进程概念中，每一个进程的内部数据和状态都是完全独立的。因此，可以想象创建并执行一个进程的系统开销是比较大的，所以线程出现了。在 Java 中，程序通过流控制来执行程序流，程序中单个顺序的流控制称为线程，多线程则指的是在单个程序中可以同时运行多个不同的线程，执行不同的任务。多线程意味着一个程序的多行语句，可以在同一时间内同时或并行运行。进程是程序的一次执行过程，是系统运行程序的基本单位。

线程与进程相似，是一段完成某个特定功能的代码，是程序中单个顺序的流控制；但与进程不同的是，同类的多个线程共享一块内存空间和一组系统资源，而线程本身的数据通常只有微处理器的寄存器数据，以及一个供程序执行时使用的堆栈。所以，系统在产生一个线程或者在各个线程之间切换时，负担要比进程小得多，正因如此，线程也称为轻负荷进程（light-weight process）。一个进程可以包含多个线程。

每个线程有不同的功能，实现了多任务的并发执行。因此，线程是为并行程序设计而引入的概念：从宏观上是同时或并行的，从 CPU 的处理上（微观上）则是分时的。

（2）线程与进程之间的联系

1）线程在进程之中，单线程即进程。通常一个进程可拥有多个线程，其中有一个是主线程。

2）线程与进程一样，也有 5 种状态，状态之间可以进行转换。

3）线程与进程都是顺序执行的指令序列。

（3）线程与进程的区别

1）线程比进程小。因此，支持多线程的系统要比只支持多进程的系统并发度高。现代操作系统（如 Windows、UNIX、OS/2 等）都支持多线程。

2）进程能独立运行，父进程和子进程都有各自独立的数据空间和代码；线程不能独立运行，同一进程的多个线程共享相同的数据空间并共享系统资源。

3）进程是相对静止的（但相对于程序是动态的），它代表代码和数据存放的地址空间；而线程是动态的，每个线程代表进程内的一个执行流。

2．多线程的作用

使用多线程的理由之一是，与进程相比，它是一种非常“节俭”的多任务操作方式。大家知道，启动一个新的进程必须给它分配独立的地址空间，建立众多的数据表来维护其代码段、堆栈段和数据段，这是一种“昂贵”的多任务工作方式。而运行于一个进程中的多个线程彼此之间使用相同的地址空间，共享大部分数据，启动一个线程所花费的空间远远小于启动一个进程所花费的空间，而且线程间彼此切换所需的时间也远远小于进程间切换所需的时间。

使用多线程的理由之二是线程间方便的通信机制。进程具有独立的数据空间，它们之间要进行数据的传递只能通过通信的方式进行，这种方式不仅费时，而且很不方便。线程则不然，由于同一进程中的线程之间共享数据空间，一个线程的数据可以直接为其他线程所用，这不仅快捷，而且方便。当然，数据的共享也带来其他一些问题，有的变量不能同时被两个线程所修改，有的子程序中声明为 static 的数据更有可能给多线程程序带来灾难性的打击，这些正是编写多线程程序时需要注意的地方。

除了以上优点外，不与进程比较，多线程程序作为一种多任务、并发的工作方式，具有以下优点：

1）提高应用程序的响应速度。这对图形界面的程序尤其有意义，当一个操作耗时很长时，整个系统都会等待这个操作，此时程序不会响应键盘、鼠标、菜单的操作。而使用多线程技术，将耗时长的操作置于一个新的线程中，可以避免这种尴尬的情况。

2）使 CPU 更有效率。操作系统会保证当线程数不大于 CPU 数目时，不同的线程运行于不同的 CPU 上。

3）改善程序结构。一个既长又复杂的进程可以考虑分为多个线程，成为几个独立或半独立的运行部分，这样的程序会利于理解和修改。

8.1.2 线程的生命周期

下面以 Java 的线程为例，说明线程的状态和状态转换。

在 Java 中，线程是一种对象，使用线程时，需要创建线程对象；而对象必定有生命周期，因此线程也应当有本身独特的生命周期，即创建状态、可运行状态、运行状态、阻塞状态（不可运行状态）及消亡状态。

1．创建状态（new）

创建状态指线程对象刚刚生成时的状态。可以使用 new()方法来创建线程对象，例如：

```
Thread myThread=new MyThreadClass();
```

其中，myThread 是线程类 MyTreadClass 的一个对象，而 MyThreadClass 是一个线程类，它是 Thread 类的子类，Thread 类是由 Java 系统的 Java.lang 软件包提供的。

2．可运行状态（runnable）

在创建线程对象后，执行 start()方法可使它进入可运行（就绪）状态。例如：

```
myThread.start();
```

3．运行状态（run）

在运行状态下，线程获得 CPU 时间，其代码正在被 CPU 执行。

4．不可运行状态（not runnable）

线程进入休眠、处于等待状态，或遇到输入/输出阻塞的情况，或处于挂起状态时，都会使线程处于不可运行（阻塞）状态。

5．消亡状态（dead）

当线程的运行代码全部执行完毕时，线程就进入消亡状态；当执行 Java 线程对象的 stop()方法后，线程也进入消亡状态。在消亡状态下，CPU 不会为该线程分配执行时间。例如：

```
myThread.stop();
```

线程 5 种状态的转换关系如图 8-1 所示。

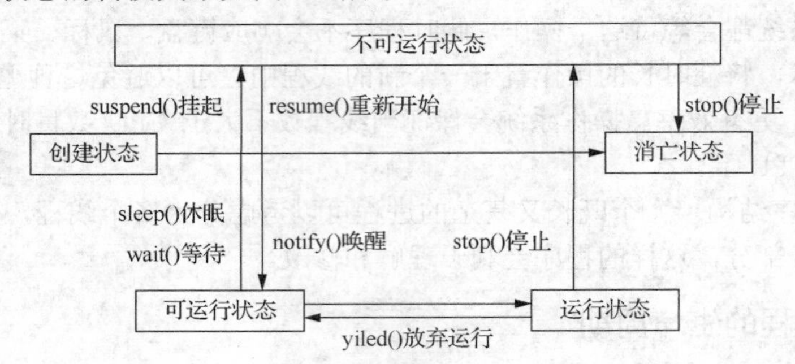

图 8-1 线程 5 种状态的转换关系

创建线程时，系统就为该线程对象分配了内存，也完成了初始化。但此时的线程还没有进入调度队列，因此不能执行。若调用 start()方法，则线程进入可运行状态；若调用 stop()方法，则线程转入消亡状态。

可运行状态是指线程已准备好执行，一旦获得处理器资源就被执行，从而进入运行状态。实际上，系统为所有可运行状态的线程设置了一个队列。可运行状态的线程在队列中的顺序是由它的优先级决定的，优先级最高的放在队列之首，而优先级最低的放在队列末尾。

线程从可运行状态到运行状态的转换是不受程序直接控制的，而是由操作系统进行调度的。虽然程序不能控制线程进入运行状态，但可控制线程由运行状态转换为其他状态。

1）调用 yield()方法，使线程进入可运行状态，重新返回队列中排队。

2）调用 sleep()方法，使线程交出 CPU 资源，进入不可运行状态，过一段时间后，线程会重新进入可运行状态。

3）调用 wait()方法，线程同样进入不可运行状态。只有当其他线程调用 notify()方法时，线程才可重新进入可运行状态。

不可运行状态是指线程出于某种原因，暂时不能运行的状态。线程不可运行的原因及返回可运行状态一般有以下几种情况：

1）挂起线程调用 suspend()方法，若要恢复可运行状态，则可调用 resume()方法。

2）使线程休眠调用 sleep()方法，当休眠时间已过，自动恢复可运行状态。

3）线程本身调用等待方法 wait()，等待其他线程调用 notify()方法或 notifyAll()方法唤醒。

4）输入/输出操作尚未返回结果，一旦 I/O 操作结束，线程就进入可运行状态。

消亡状态表示线程已经执行完毕，系统将它从线程队列中删除。此时，线程类的 isAlive()方法返回 false。进入这一状态有两种方式。

1）自然消亡，即执行完 run()方法而使线程进入消亡状态。

2）通过调用 stop()方法结束线程。

8.2 线程的创建

8.2.1 线程类 Thread

Java 语言内置了对多线程的支持，这是 Java 跨平台优势的重要体现。另外，在 Java 中使用线程也更加简单。

在 Java 中可采用两种方法创建线程。其中一种方法是通过继承 Thread 类的方式，创建 java.lang.Thread 类的子类。Thread 类综合了 Java 程序中一个线程所具有的属性和方法。其中，Thread 类的构造方法如下：

1）public Thread()：无任何参数，表示直接创建一个 Thread 对象。

2）public Thread(Runnable target)：创建 Thread 对象并传入 Runnable target 参数，当该 Thread 对象运行时，target 对象中的 run()方法作为线程方法运行。

【例 8-1】使用 java.lang.Thread 类创建子类的方式创建线程。

```
package ch08;
public class SimpleThread extends Thread{
  private static int count=0;
  private int id;
  public SimpleThread(){
    super();
    count++;
    id=count;
  }
  public void run(){
    for(int i=1;i <10;i++){
      System.out.println("thread"+id+":i="+i);
    }
  }
  public static void main(String[] args){
    Thread thread1;
    Thread thread2;
    Thread thread3;
    thread1=new SimpleThread();
    thread2=new SimpleThread();
    thread3=new SimpleThread();
    thread1.start();
    thread2.start();
    thread3.start();
  }
}
```

SimpleThread 类是一个继承自 Thread 的类，那么它实例化的对象就是线程。这样的类都有一个 run()方法。run()方法中定义了线程运行时的行为。在例 8-1 中，SimpleThread 类覆盖了 Thread 类的 run()方法。其工作是将 0～9 这 10 个数字输出到屏幕上。为了区别，在数字前面输出线程的 ID 作为标志。每一个线程的 ID 是由静态成员变量 id 保存的，每当一个线程被创建，其就拥有唯一的 id。

main()方法中共定义了 3 个线程，分别为 thread1、thread2 和 thread3。首先，为每一个引用创建一个对象。此时该线程就已经被创建出来，只是没有运行而已，这时线程处于创建状态（new）。然后调用线程的 start()方法，线程处于可运行状态，那么一旦线程得到可以运行的资源，就处于运行状态了。

以下是本例的运行结果。

```
thread1:i=0
thread1:i=1
thread1:i=2
thread1:i=3
thread1:i=4
thread1:i=5
thread1:i=6
thread1:i=7
thread1:i=8
thread1:i=9
thread2:i=0
thread2:i=1
thread2:i=2
thread2:i=3
thread2:i=4
thread2:i=5
thread2:i=6
thread2:i=7
thread2:i=8
thread2:i=9
thread3:i=0
thread3:i=1
thread3:i=2
thread3:i=3
thread3:i=4
thread3:i=5
thread3:i=6
thread3:i=7
thread3:i=8
thread3:i=9
```

从运行结果看，线程似乎是依次运行的，即先运行 thread1，然后运行 thread2，最后运行 thread3。但这其实是由于计算机的运行速度过快，以致在很短的时间内就将一个线程的工作运行完毕。读者可以试着将每次运行的循环次数增加到 100 甚至 1000，看看结果会有怎样的变化。

8.2.2 Runnable 接口

既然 Thread 的子类能够实现线程，为什么还要有另外一个实现方法呢？这是因为 Java 语言是一门单根继承语言。倘若一个类已经是其他类的子类，此时还需要该类线程的属性，继承自 Thread 的方法就不再适合，应该使用 Runnable 接口来实现。

利用 Runnable 接口创建线程有以下两个要点：第一，需要定义一个实现了 Runnable 接口的类；第二，将线程运行时的行为代码添加到 run()方法中。在需要运行该类定义的线程时做以下几点：

1）定义一个 Runnable 接口的对象。

2）使用 Thread 类的构造方法将刚刚定义的 Runnable 对象作为参数创建一个 Thread 对象。

3）调用 Thread 对象的 start()方法。

【例 8-2】利用 Runnable 接口实现线程。

```
package ch08;
public  class SimpleThread2 implements Runnable{
   private static int count=0;
   private int id;
   public SimpleThread2(){
      super();
      count++;
      id=count;
   }
   public void run(){
      for (int i=0;i<10;i++){
         System.out.println("thread"+id+":i="+i);
      }
   }
   public static void main(String[] args){
      Thread thread1;
      Thread thread2;
      Thread thread3;
      thread1=new Thread(new SimpleThread2());
      thread2=new Thread(new SimpleThread2());
      thread3=new Thread(new SimpleThread2());
      thread1.start();
      thread2.start();
```

```
        thread3.start();
    }
}
```

本例实现的功能与 SimpleThread 类实现的功能完全相同，只是 SimpleThread 是继承 Thread 类实现的，SimpleThread2 则实现了 Runnable 接口。

严格地说，SimpleThread2 并不是一个线程，只是具有了线程的属性，实现了 Runnable 接口（Thread 类也是通过实现 Runnable 接口定义的），这样一个 Runnable 对象就可以创建一个线程并且运行。SimpleThread2 的 main()方法中有这样的定义：

```
Thread thread1;
...
thread1=new Thread(new SimpleThread2());
```

这里 thread1 是一个线程的引用，并不是 SimpleThread2 的引用。这里一共涉及两个对象。一个对象是 thread1，它是一个线程对象，通过它的初始化就可以构造出一个线程；另外一个对象是 SimpleThread2 的对象，这段代码中并没有使用该对象的引用，而是直接将这个对象写到了 Thread 类的构造方法中。new SimpleThread2()就是省略了 SimpleThread2 的对象的引用。

8.3 线程的调度

线程调度有两种方式：抢占式和非抢占式。抢占式系统在任何给定的时间内将运行最高优先级的线程。系统中的所有线程都有自己的优先级（priority）。线程的优先级决定该线程的重要程度，即线程运行的顺序及从处理器中获得的时间。

8.3.1 线程的优先级和休眠

Java 线程的优先级可由用户设置，它是由一个整数表示的，这个整数越大，则线程的优先级越高。Java 优先级的范围是 Thread.MIN_PRIORITY 和 Thread.MAX_PRIORITY 之间。默认情况下，线程的优先级是 Thread.NORM_PRIORITY。Thread 类提供了 setPriority()方法和 getPriority()方法来设置和读取优先级。

微课：线程的休眠、让步、插队

线程休眠调用线程的 sleep()方法，即当前线程会从运行状态进入休眠状态。sleep()方法会指定休眠时间，线程休眠的时间会大于或等于该休眠时间，在线程重新被唤醒时，它会由阻塞状态变成就绪状态，从而等待 CPU 的调度执行。

Java 虚拟机是抢占式的，它能保证运行优先级最高的线程。在 Java 虚拟机中，如果把一个线程的优先级改为最高，那么它将取代当前正在运行的线程，除非这个线程结束运行或者进入休眠状态，否则将一直占用所有的处理器时间。

【例 8-3】本例是一个模仿赛跑的程序。Runner 类的 run()方法对自身的私有成员 step 做自增操作，然后进入休眠 1ms。Race 类的 main()方法创建了 Runner 类的两个对象

runner[0]和 runner[1]，将它们的优先级分别设置为 Thread.MIN_PRIORITY 和 Thread.MAX_PRIORITY，然后调用 start()方法启动它们。main()方法每隔 5s 查询一次这两个对象的 step 值，然后分别输出这两个对象的 step 值。

可以看到，这个赛跑程序是不公平的，因为 runner[1]的优先级比较高，所以它获取 CPU 时间的概率就大，可以预料，在一段时间后，runner[1]的 step 值将比 runner[0]的 step 值大。完整的程序代码如下：

```
package ch08.ThreadPriority;
class Runner extends Thread{
   private int step=0;
   public void run(){
      while(step<50000){
         step++;
         try{
            Thread.sleep(1);
         }catch(Exception e){};
      }
   }
   public int getStep(){
      return step;
   }
}
package ch08.ThreadPriority;
public class Race{
   public static void main(String args[]){
      Runner runner[]={ new Runner(),new Runner()};
      runner[0].setPriority(Thread.MIN_PRIORITY);
      runner[1].setPriority(Thread.MAX_PRIORITY);
      runner[0].start();
      runner[1].start();
      while(runner[0].isAlive()&&runner[1].isAlive()){
         try{
           Thread.sleep(50000);
         }catch (Exception e){
         }
         System.out.println("Runner0: "+runner[0].getStep());
         System.out.println("Runner1: "+runner[1].getStep());
      }
   }
}
```

程序运行结果如下：

```
Runner 0: 3664
Runner 1: 4976
Runner 0: 7601
Runner 1: 9958
Runner 0: 11541
Runner 1: 14939
Runner 0: 15457
Runner 1: 19928
Runner 0: 19376
Runner 1: 24909
Runner 0: 23290
Runner 1: 29899
```

如果遇到两个优先级相同的线程，则调度器将根据轮转调度算法选择其中一个线程运行。被选择的线程将一直运行，直至以下某个条件为真：

1）一个具有更高优先级的线程进入可运行状态。

2）这个线程结束运行。

3）在分时操作系统中，时间片到期。分时操作系统将CPU时间分成一个个时间片，操作系统将每个时间片轮流分给每个并发线程，每个线程一次只能运行一个时间片。当时间片计数到时后，系统会选择另一个线程并分给它时间片，让其投入运行，如此循环往复。

当这些条件中的某个条件为真时，另外一个线程将有机会得到CPU资源而运行。

【例8-4】本例是对例8-3的改进。runner[0]和runner[1]的优先级都设为2，代码如下：

```
package ch08.ThreadPriority;
class Runner extends Thread{
  private int step=0;
  public void run(){
    while(step<50000){
      step++;
      try{
        Thread.sleep(1);
      }catch(Exception e){};
    }
  }
  public int getStep(){
    return step;
  }
}
package ch08.ThreadPriority;
public class Race{
```

```
    public static void main(String args[]){
        Runner runner[]={new Runner(),new Runner()};
        runner[0].setPriority(2);
        runner[1].setPriority(2);
        runner[0].start();
        runner[1].start();
        while(runner[0].isAlive()&&runner[1].isAlive()){
            try{
                Thread.sleep(50000);
            }catch (Exception e){
            }
            System.out.println("Runner0: "+runner[0].getStep());
            System.out.println("Runner1: "+runner[1].getStep());
        }
    }
}
```

程序运行结果如下：

```
Runner 0: 4029
Runner 1: 4030
Runner 0: 7989
Runner 1: 7990
Runner 0: 11399
Runner 1: 11400
Runner 0: 13492
Runner 1: 13493
Runner 0: 15504
Runner 1: 17045
Runner 0: 20908
Runner 1: 20909
```

程序的运行结果表明这两个线程基本上是轮流执行的，也表明程序所在的运行平台是分时操作系统。

8.3.2 线程的让步和插队

线程让步即让出线程的优先执行权，可以通过 yield()方法来实现。该方法和 sleep()方法相似，两者都可以使当前正在运行的线程暂停，但是它们的区别也是比较明显的，即让步不会阻塞该线程，只是让线程由运行状态进入就绪状态，进而让系统重新调度一次，但是，并不能保证在当前线程调用 yield()方法之后，其他具有相同优先级的线程就一定能获得执行权，有可能当前线程又进入运行状态继续运行。而 sleep()方法的作用是让当前线程休眠，即当前线程会从运行状态直接进入阻塞状态。

【例 8-5】验证线程让步时的运行状态。

```
package ch08;
public class Test{
  public static void main(String[] args){
    ThreadA t1=new ThreadA("t1");
    ThreadA t2=new ThreadA("t2");
    t1.start();
    t2.start();
  }
  static class ThreadA extends Thread {
    public ThreadA(String name){
      super(name);
    }
    public void run(){
      for(int i=0;i<10;i++){
        System.out.println(this.getName()+" "
                           +this.getPriority()+" "+i);
        if(i%4==0)                    //i 整除 4 时，调用 yield()
          Thread.yield();
      }
    }
  }
}
```

程序某一次的运行结果如下：

```
t2 5 0
t1 5 0
t2 5 1
t1 5 1
t2 5 2
t1 5 2
t2 5 3
t1 5 3
t1 5 4
t1 5 5
t1 5 6
t2 5 4
t1 5 7
t2 5 5
t1 5 8
t2 5 6
t1 5 9
```

```
t2 5 7
t2 5 8
t2 5 9
```

线程 t1 在能被 4 整数时并没有切换到线程 t2。这表明，yield()虽然可以让线程由运行状态进入就绪状态，但是其他线程不一定会获取 CPU 的执行权（即其他线程进入运行状态），即使其他线程与当前调用 yield()的线程具有相同的优先级。

线程的让步仅仅是线程在一次调度中让出了一次优先执行权。小小的让步往往在运行的过程中看不出明显的效果。在编写多线程程序时，经常会遇到让一个线程优先于其他线程运行的情况，此时除了可以设置其优先级高于其他线程外，更直接的方式是使用 Thread 类的 join()方法实现线程插队，以阻塞当前线程，让系统先完成插入的线程的运行，之后再完成其他线程的运行。

【例 8-6】验证线程运行时出现插队情况的运行状态。

```
package ch08;
public class Test{
  public static void main(String[] args)
  {
    JoinThread jt=new JoinThread();
    Thread t=new Thread(jt);
    t.start();   //启动 t 线程
    for(int i=0;i<10;i++)
    {
      System.out.println(Thread.currentThread().getName()
                                +"===="+i);
    if(i==4)
    {
      try{
        t.join();
      }catch(InterruptedException e){
        e.printStackTrace();
      }
    }


    }
  }
  static class JoinThread implements Runnable{
    public void run(){
      for(int i=0;i<10;i++){
        System.out.println(Thread.currentThread().getName()
                                +"===="+i);
      }
```

```
        }
    }
}
```

程序运行结果如下：

```
main====0
Thread-0====0
main====1
Thread-0====1
main====2
Thread-0====2
main====3
Thread-0====3
main====4
Thread-0====4
Thread-0====5
Thread-0====6
Thread-0====7
Thread-0====8
Thread-0====9
main====5
main====6
main====7
main====8
main====9
```

在本例中，main 线程中开启了一个线程 t，两个线程的循环体中都进行了相应的输出，从运行结果可以看出，开始时，两个线程交替执行。当 main 线程中的循环变量为 4 时，调用 t 线程的 join()方法，这时，t 线程就会“插队”优先执行。从运行结果可以看出，当 main 线程输出 4 以后，t 线程就开始执行，直到执行完毕，main 线程才继续执行。

8.4 多线程的互斥与同步

8.4.1 临界资源问题

前面所提到的线程都是独立的，而且是异步执行，也就是说每个线程都包含了运行时所需要的数据或方法，而不需要外部的资源或方法，也不必关心其他线程的状态或行为。但是经常有一些同时运行的线程需要共享数据，此时就需要考虑其他线程的状态和行为，否则就不能保证程序运行结果的正确性。例如，有如下代码：

```
class Stack{
    int idx=0;                          //堆栈指针的初始值为 0
    char[] data=new char[6];            //堆栈有 6 个字符的空间
```

```
    public void push(char c){        //压栈操作
        data[idx]=c;                 //数据入栈
        idx++;                       //指针向上移动一位
    }
    public char pop(){               //出栈操作
        idx--;                       //指针向下移动一位
        return data[idx];            //数据出栈
    }
}
```

两个线程 A 和 B 同时使用 Stack 类的同一个实例，A 正在向堆栈中压入（push）一个数据，B 则要从堆栈中弹出（pop）一个数据。线程 A 和 B 对 Stack 对象操作上的不完整性会导致操作失败，具体过程如下所示。

1）操作之前：

data=|p|q| | | | |

idx=2

2）A 执行 push()方法中的第一条语句，将 r 压入堆栈：

data=|p|q|r| | | |

idx=2

3）A 尚未执行 idx++语句，A 的执行被 B 中断，B 执行 pop()方法，返回 q：

data=|p|q|r| | | |

idx=1

4）A 继续执行 push()方法中的第二条语句：

data=|p|q|r| | | |

idx=2

最后的结果相当于 r 没有入栈。产生这种问题的原因在于共享数据访问操作的不完整性。

8.4.2 互斥锁

为解决操作的不完整性问题，Java 语言引入了对象互斥锁的概念，以保证共享数据操作的完整性。每个对象都可以作为一个“互斥锁”的标记，这个标记用来保证在任意时刻，只能有一个线程执行该对象锁住的代码。synchronized 关键字用于标出以某对象为“互斥锁”的代码段。例如：

```
public void push(char c){
    //this 表示以当前的 Static 对象为互斥锁，
    //被 sysnchronized 包围起来的代码块同时只能被一个线程执行
    sysnchronized(this){
        data[idx]=c;
        idx++;
    }
```

```
    }
    public char pop(){
        //this 表示当前的 Static 对象为互斥锁,
        //被 sysnchronized 包围的代码块同时只能被一个线程执行
        sysnchronized(this){
            idx--;
            return data[idx];
        }
    }
```

synchronized 除了可以放在对象前面限制一段代码的执行外，还可以放在方法声明中，表示整个方法为同步方法，此时，互斥锁就是 this，例如：

```
public synchronized void push(char c){
}
```

一般来说，每个互斥锁存在两个线程队列，一个是锁等待队列，另一个是锁申请队列。锁申请队列中的第一个线程可以执行被互斥锁锁住的代码，执行完毕后，锁申请队列中的其他线程可以获得资源继续执行，而锁等待队列中的线程在某些情况下将被移入锁申请队列。

8.4.3 多线程的同步

微课：线程的同步

本小节将通过多线程同步的模型生产者-消费者问题讨论如何控制互相交互的线程之间的运行进度，即多线程之间的同步问题。系统中使用某类资源的线程称为消费者，产生或释放同类资源的线程称为生产者。

【例 8-7】多线程的同步。生产者线程向缓冲区中写数据，消费者线程从缓冲区中读数据，这样，在这个程序中同时运行的两个线程共享同一个文件资源。

```
package ch08.ProducerAndConsumer;
class SynStatic{                                    //同步堆栈类
    private int index=0;                            //堆栈指针初始值为 0
    private char[] buffer=new char[6];              //堆栈有 6 个字符的空间
    public synchronized void push(char c){          //加上互斥锁
        while(index==buffer.length){                //堆栈已满，不能压栈
            try{
                this.wait();                        //等待，直到有数据出栈
            }catch(InterruptedException e){}
        }
        buffer[index]=c;                            //数据入栈
        index++;                                    //指针向上移动
        this.notify();                              //通知其他线程将数据出栈
    }
    public synchronized char pop(){                 //加上互斥锁
```

```
        while(index==0){                          //堆栈无数据，不能出栈
            try{
                this.wait();                      //等待其他线程将数据入栈
            }catch(InterruptedException e){}
        }
        index--;                                  //指针向下移动
        char c=buffer[index];
        this.notify();                            //通知其他线程入栈
        return c;
    }
}
package ch08.ProducerAndConsumer;
class Producer implements Runnable{               //生产者类
    SynStatic theStack;
    //生产者类生产的字母都保存到同步堆栈中
    public Producer(SynStatic s){
        theStack=s;
    }
    public void run(){
        char c;
        for(int i=0;i<20;i++){
            //随机产生 20 个字符
            c=(char)(Math.random()*26+'A');
            theStack.push(c);                              //把字符入栈
            System.out.println("Produced:"+c);             //输出字符
            try{
                //每读取一个字符线程就睡眠
                Thread.sleep((int)(Math.random()*1000));
            }catch(InterruptedException e){}
        }
    }
}
package ch08.ProducerAndConsumer;
class Consumer implements Runnable{                        //消费者类
    SynStatic theStack;
    //消费者类获得的字符都来自同步堆栈
    public Consumer(SynStatic s){
        theStack=s;
    }
    public void run(){
        char c;
        for(int i=0;i<20;i++){
```

```
            c=theStack.pop();                          //从堆栈中读取字符
            System.out.println("Consumer: "+c);        //输出字符
            try{
                //每读取一个字符线程就休眠
                Thread.sleep((int)(Math.random()*1000));
            }catch(InterruptedException e){}
        }
    }
}
package ch08.ProducerAndConsumer;
public class SysnTest{
    public static void main(String args[]){
        //下面的消费者类对象和生产者类对象所操作的是同一个同步堆栈对象
        SynStatic stack=new SynStatic();
        Runnable source=new Producer(stack);
        Runnable sink=new Consumer(stack);
        Thread t1=new Thread(source);                  //线程实例化
        Thread t2=new Thread(sink);                    //线程实例化
        t1.start();                                    //线程启动
        t2.start();                                    //线程启动
    }
}
```

Producer 类是生产者模型，其中的 run()方法定义了生产者线程所做的操作，循环调用 push()方法，将生产的 20 个字符送入堆栈，每次执行 push 操作后，调用 sleep()方法休眠一段随机时间，以给其他线程执行的机会。Consumer 类是消费者模型，循环调用 pop()方法，从堆栈中取出一个数据，一共取 20 次，每次执行 pop 操作后，调用 sleep()方法休眠一段随机时间，以给其他线程执行的机会。

程序运行结果如下：

```
Produced:V
Consumer:V
Produced:E
Consumer:E
Produced:P
Consumer:P
Produced:L
...
Consumer:L
Consumer:P
```

本例使用了一个生产者线程和一个消费者线程，当生产者线程向堆栈中添加字符时，如果该堆栈已满，则通过调用 this.wait()方法（在这里，this 就是互斥锁）加入互斥锁对象（SynStack 对象本身）的锁等待队列中。如果该堆栈不满，则该生产者线程加入互斥锁对象（SynStack 对象本身）的锁申请队列中，并且很快就被 JVM 取出执行。当生产者线程执行添加操作时，消费者线程是不能从中获取字符的，只能在等待队列中等待。当生产者线程添加完字符时，使用 this.notify()（在这里，this 就是互斥锁）将等待队列中的第一个消费者唤醒，将其加入锁申请队列中，很快该消费者线程就会获得 CPU 执行时间。此时的生产者线程已经无法再次添加字符，因为消费者正在 synchronized 代码块中运行，JVM 把生产者线程加入锁等待队列中。当消费者线程从堆栈中获取完字符后，再使用 this.notify()方法将生产者线程从等待进程中唤醒，添加字符，如此循环往复，直到生产者线程和消费者线程都运行结束。

下面对 wait()、nofity()两个同步方法做一下总结。

1）wait()、nofity()方法必须在已经持有锁的情况下执行，所以它们只能出现在 synchronized 作用的范围内，也就是出现在用 synchronized 修饰的方法或代码块中。

2）wait()的作用是释放已持有的锁，把当前线程加入等待队列中。

3）notify()的作用是唤醒等待队列中的第一个线程并把它移入锁申请队列。另外，Java 类库中还有一个 noifyAll()方法，其和 notify()方法的使用场景类似，但它的作用是唤醒等待队列中的所有线程并把它们移入锁申请队列。

注意：

1）在 JDK 1.2 中不再使用 suspend()和 resume()，其相应功能由 wait()和 notify()来实现。

2）在 JDK 1.2 中不再使用 stop()，而是通过标志位使程序正常执行完毕。

【例 8-8】通过标志位使程序正常执行完毕。

```
package ch08;
public class Xyz implements Runnable {
  private boolean timeToQuit=false;        //标志初始值为假
  public void run(){
    while(!timeToQuit){                    //只要标志位为假，线程继续运行
      //...
    }
  }
  public void stopRunning(){
    //标志位设为真，表示程序正常结果
    timeToQuit=true;
  }
}
package ch08;
public class ControlThread{
  private Runnable r=new Xyz();
  private Thread t=new Thread(r);
  public void startThread(){
    t.start();
  }
```

```
    public void stopThread(){
        //通过调用 stopRunning()方法来终止线程运行
        ((Xyz) r).stopRunning();
    }
}
```

本章小结

本章首先介绍了线程的基础知识，包括线程的定义及其与进程的关系、线程的生命周期等，然后介绍了多线程的创建方法，包括继承 Thread 类与实现 Runnable 接口两种方法，最后介绍了多线程互斥与同步的问题。

习题 8

一、简答题

1．简述进程和线程的区别。

2．yield()方法和 join()方法有什么区别？

二、选择题

1．在线程同步中，为了唤醒另一个等待的线程，使用（ ）方法。

A．sleep() B．wait() C．notify() D．join()

2．为了得到当前正在运行的线程，可使用（ ）方法。

A．getName() B．Thread.CurrentThread()

C．sleep() D．run()

3．以下不属于线程的状态的是（ ）。

A．就绪状态 B．运行状态

C．挂起状态 D．独占状态

4．当线程被创建后，其所处的状态是（ ）。

A．阻塞状态 B．运行状态

C．就绪状态 D．创建状态

5．当线程调用 start()后，其所处的状态为（ ）。

A．阻塞状态 B．运行状态

C．就绪状态 D．创建状态

6．调用 Thread.sleep()方法后，若等待时间未到，则该线程所处状态为（ ）。

A．阻塞状态 B．运行状态

C．就绪状态 D．创建状态

7．创建状态的线程可能直接进入的状态是（ ）。

A．阻塞状态 B．运行状态

C．就绪状态　　D．结束状态

8．调用 Thread.sleep()方法后，若等待时间已到，该线程所处状态为（　　）。

A．阻塞状态　　B．运行状态

C．就绪状态　　D．创建状态

9．当线程因异常而退出 run()后，其所处状态为（　　）。

A．阻塞状态　　B．运行状态

C．就绪状态　　D．结束状态

10．wait()方法是（　　）类的方法。

A．Object　　B．Thread　　C．Runnable　　D．File

三、填空题

1．创建线程类时需要继承的类是________，如果该类已经存在父类，仍然需要某些方法运行在线程中，则可以通过实现________接口的方式实现。

2．有线程 Thread 派生类，如果需要启动运行该线程，则需要调用________方法，该方法调用后，该线程即启动，则系统会自动调用方法该线程类的________方法。

3．在 Java 中，线程的生命周期分为 5 个阶段，分别是________、________、________、________、________。

4．在 Java 中，实现同步的方式有两种，即________和________，这两种方式都要用到关键字________。

5．在 Java 中，Thread 类中有 3 个字段表示线程的优先级，其中________表示优先级最高，________表示优先级最低。

四、程序设计题

1．编写一个类，类名为 subThread，它是 Thread 类的子类。在该类中定义一个含一个字符串参数的构造方法和 run()方法，方法先在命令行显示线程的名称，然后随机休眠小于 1s 的时间，最后显示线程结束信息：Finished+线程名。

编写 main()方法，在其中创建 subThread 类的 3 个对象 t1、t2、t3，它们的名称分别为 First、Second、Third，并启动这 3 个线程。

2．编写程序，实现一个数字时钟。

习题 8 参考答案

第9章 图形用户界面设计

学习指南

本章通过详尽的实例，配以合理的练习，详细介绍使用 Java 进行图形用户界面设计的方法，包括常用的 AWT 和 Swing 组件、3 种布局管理器及事件处理模型，其中事件处理模型是本章的重点。通过对本章的学习，读者应掌握 AWT 和 Swing 常用组件的使用方法，能够运用合理的布局管理器对组件进行排列，并掌握基本的事件处理模型程序的编写方法。

难点重点

- 常用组件：窗口、标签、按钮、文本框、文本区、选择组件等。
- 几种容器的使用方法和区别。
- 3 种布局管理器。
- 事件模型及事件处理。
- 图形用户界面的设计。
- 颜色和字体的设置。

9.1 图形用户界面概述

9.1.1 Java 图形用户界面软件包

JFC（Java foundation classes，Java 基础类别）是一个图形框架（graphical framework）。依据此框架，用户可构建具有便携性（portable）的 Java 图形用户界面（graphical user interface，GUI）。

JFC 由以下部分组成。

1）AWT 组件：旧的窗口组件包。

2）Swing 组件：新的窗口组件包。

3）Accessibility API：提供一种更先进的交互界面，如语音或触摸输入。

4）Java 2D API：提供强大的图形处理函数。

JFC 支持拖放（drag and drop）功能，可在两个相同的 Java 界面甚至是 Java 与其他应用程序界面进行数据交换操作。

9.1.2　AWT 与 Swing

1．AWT

AWT（abstract window toolkit，抽象窗口工具包）是由 Sun 公司提供的用于 GUI 编程的类库。基本 AWT 库处理用户界面元素的方法是将这些元素的创建和行为委托给每个目标平台（Windows、UNIX、Macintosh 等）的本地 GUI 工具进行处理。例如，使用 AWT 在一个 Java 窗口中放置一个按钮，实际上使用的是一个具有本地外观和感觉的按钮。这样，从理论上来说，所编写的图形用户界面程序能运行在任何平台上，实现了图形用户界面程序的跨平台运行。

AWT 提供了设计 Java 图形用户界面的基本元素，主要包括图形用户界面组件、事件处理模型和布局管理器等，这些基本元素都包含在 java.awt 包中。

AWT 是 Java 基础类库的一部分，相关的软件包主要有以下几种：

1）java.awt，该包是 AWT 的核心包，包括组件类和事件类等。

2）java.awt.event，该包提供事件类和事件监听器。

3）java.awt.color，该包定义各种颜色。

4）java.awt.font，该包提供各种字体。

5）java.awt.image，该包提供多种图像处理方法。

下面对一些相关概念进行简单介绍。

（1）组件

组件（component）是具有一定功能、能够产生事件的部件的统称。例如，窗口及窗口中的文本框、按钮等都是组件。组件类是一个抽象类，是所有组件的父类，它为其子类定义了许多共同的属性，如位置、大小、字体和颜色等。

（2）容器

容器（container）是一种特殊的组件，它能容纳其他组件。正因为容器的这一特性，用户才能利用它创建出复杂的图形用户界面。容器组件中还可以放置其他容器，这样就可以使用多层容器构成富于变化的界面。

（3）窗口和面板

窗口（window）和面板（panel）是容器类的子类，它们可以容纳其他组件。其中，窗口可以独立存在，可被移动、最大化和最小化，有标题栏、边框，可添加菜单栏；而面板没有标题栏、边框，不可添加菜单栏，而且不能独立存在，必须包含在其他容器中。

（4）框架和对话框

框架（frame）和对话框（dialog）是窗口类的两个主要组件。在 Java 应用程序中，一般使用框架作为容器，在框架中可以放置面板以控制图形用户界面的布局。

2．Swing

Swing 是在 AWT 的基础上构建的一套新的图形用户界面系统，它提供了 AWT 所能够提供的所有功能，并且用纯粹的 Java 代码对 AWT 的功能进行大幅度的扩充。由于

Swing 控件是用 100%的 Java 代码来实现的，因此在一个平台上设计的树形控件可以在其他平台上使用。由于 Swing 没有使用本地方法来实现图形功能，通常把 Swing 控件称为轻量级控件。

相比 AWT，Swing 组件具有以下特点。

1）具有更丰富的、使用更方便的组件。

2）对平台依赖少（除了窗口），都是自己绘制组件（而不是通过操作系统绘制的）。

3）在不同平台上的外观一致。

相对于 AWT 来说，Swing 组件可以进行如下分类：

（1）AWT 的替代组件

用于替代 AWT 重量组件的 Swing 轻量组件中，许多组件与其所替代的 AWT 组件几乎是源代码兼容的。这使得替换 AWT 组件的工作相当简单。

除模拟 AWT 组件所提供的功能外，几乎所有的 Swing 替代组件都有其他一些特性。例如，Swing 按钮和标签可显示图标和文本，而 AWT 按钮和标签只能显示文本。

该类组件均使用 Windows 界面样式。

（2）Swing 增加的组件

除提供 AWT 重量组件的替代组件外，Swing 还提供了许多其他组件，如表格、树、定制对话框等。

Swing 组件一览表如表 9-1 所示。

表 9-1 Swing 组件一览表

组件	所属类	常用构造方法
JButton 按钮	javax.swing.JButton	JInternalFrame()、JInternalFrame(String title)
JComboBox 下拉列表	javax.swing.JComboBox	JComboBox()
Jmenu 菜单栏	javax.swing.JMenu	JMenu()、JMenu(String s)、JMenu(String s,boolean b)
JTextField 单行文本框	javax.swing.JTextField	JTextField()
JList 列表	javax.swing.JList	Jlist() 、 Jlist(JlistModel dataModel) 、 JList(Object[] listData) 、 JList(Vector<?> listData)
JCheckBox 复选框	javax.swing.JCheckBox	JCheckBox()、JCheckBox(Iconicon)、JCheckBox(Icon icon,boolean selected)、JCheckBox (String text)、JCheckBox(String text,boolean selected)

3．AWT 和 Swing 的比较

AWT 是基于本地方法的 C/C++程序，其运行速度较快；Swing 是基于 AWT 的 Java 程序，其运行速度较慢。对于一个嵌入式应用来说，目标平台的硬件资源往往非常有限，而应用程序的运行速度又是项目中至关重要的因素。在这种矛盾的情况下，简单而高效的 AWT 成为嵌入式 Java 的第一选择。而在普通的基于 PC 或者工作站的标准 Java 应用中，硬件资源对应用程序所造成的限制往往不是项目中的关键因素，所以在标准版的 Java 中提倡使用 Swing，也就是通过牺牲速度来实现应用程序的功能。

Swing 包含 250 多个类，是组件和支持类的集合。Swing 提供了 40 多个组件，是

AWT 组件的 4 倍。除提供替代 AWT 重量组件的轻量组件外，Swing 还提供了大量有助于开发图形用户界面的附加组件。

9.2 常用组件

9.2.1 窗口

java.awt 包中的 Frame 类及其子类创建的一个对象就是一个窗口，它们都是容器的子类，窗口也是容器。

一般情况下，窗口是用 java.awt.Frame 类来创建的，或者用自定义的类继承 Frame 类，而后用自定义类新建一个窗口。这里推荐后一种方式，因为这样可以重写窗口类中的构造方法，从而编写自定义初始状态的窗口。Frame 是带有标题栏和边框的顶层窗口。

Frame 类的常用方法如表 9-2 所示。

表 9-2 Frame 类的常用方法

方法	说明
Frame()	构造一个最初不可见的 Frame 新实例
Frame(String title)	构造一个新的、最初不可见的、具有指定标题的 Frame 对象
setBounds(int x,int y,int width,int height)	从 Windows 继承而来，移动窗口并调整其大小。由 x 和 y 指定左上角的新位置，由 width 和 height 指定新的大小
setSize(int width,int height)	从 Windows 继承而来，调整窗口的大小，使其宽度为 width、高度为 height
setBackground(Color c)	从 java.awt.Component 类继承的方法，设置组件的背景色
setVisible(boolean b)	从 java.awt.Window 类继承的方法，根据参数 b 的值显示或隐藏此窗口

【例 9-1】编程：自定义一个 Frame 类的子类 MyFrame，并自定义 MyFrame 类的构造方法。在构造方法中自定义窗口的名称、背景色、宽度、长度，并默认显示在屏幕中间，效果如图 9-1 所示。

图 9-1 例 9-1 程序实现效果

```
import java.awt.Color;
import java.awt.Frame;
public class Frame1{
   public static void main(String[] args){
      MyFrame frame=new MyFrame(300,200);
```

```
        }
    }
    class MyFrame extends Frame{
       public MyFrame(int w,int h){
          super("我的作业 Panel");
          int x=getToolkit().getScreenSize().width;
          int y=getToolkit().getScreenSize().height;
          setBounds(x/2-w/2,y/2-h/2,w,h);
          setLayout(null);    //设置布局管理器为空，暂时不必理会
          setBackground(Color.BLUE);
          setVisible(true);
       }
    }
```

9.2.2 标签与按钮

1．标签

标签是最简单的 AWT 组件，是用来添加文字说明的文本字符串。用户可以在程序中修改标签的属性，但在界面中无法修改标签的属性。标签可以通过容器类对象的 add()方法添加到容器对象中。

标签 Label 类提供了以下 3 种构造方法来创建标签对象：

1）public Label()：创建一个空标签对象，不显示任何文本内容。

2）public Label(String text)：创建一个显示文本值为 text 的标签。

3）public Label(String text,int alignment)：创建一个显示文本值为 text 的标签，并指定它的对齐方式。

Label 类有 3 个对齐属性，分别是左对齐、右对齐和居中对齐，它们分别对应 0、2 和 1 整型数据。

另外，Label 类提供了以下 3 种方法来改变对象的属性：

1）public String getText()：返回标签对象的文本值。

2）public void setAlignment(int alignment)：重置标签对象的对齐方式。

3）public void setText(String text)：重置标签对象的文本值。

【例 9-2】 编程：实现一个底色为绿色的标签，效果如图 9-2 所示。

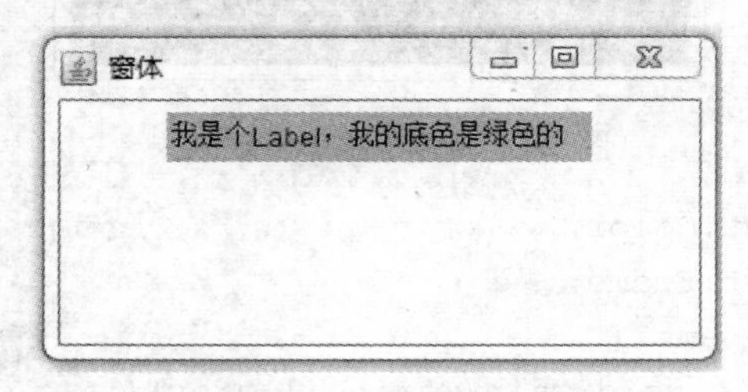

图 9-2　例 9-2 程序实现效果

```
import java.awt.Color;
import java.awt.FlowLayout;
import java.awt.Frame;
import java.awt.Label;
public class ShowLabel{
   public static void main(String[] args){
      Frame f=new Frame("窗体");
      f.setLayout(new FlowLayout());
      Label la=new Label();                          //新建 Label
      la.setBackground(Color.green);                 //设置底色
      la.setText("我是个 Label，我的底色是绿色的");    //设置显示内容
      f.add(la);
      f.setSize(300,150);
      f.setVisible(true);
   }
}
```

在本例中，Label()是构造方法，它生成一个不包含显示内容的标签对象。从这个简单的程序可以看出，在小应用程序中加入组件需要如下 3 步：

1）用相应的构造方法来生成组件对象。

2）用 setLayout()方法设置布局，在这一步中可以省略参数，从而使用默认布局。

3）用 add(组件对象名)方法在窗体中显示组件。

2．按钮

按钮在实际应用中比较常见，通常用来触发某个事件，提供“按下并动作”的基本用户界面。按钮一般对应一个事先定义好的功能操作，并对应一段程序。当用户单击按钮时，系统自动执行与该按钮相关联的程序，从而完成预先指定的功能。

按钮有以下两种常见的构造方法：

1）Button()：用来创建一个没有标签的按钮。

2）Button(String)：使用指定的标签来创建一个新的按钮。

按钮有以下几种常用的方法：

1）getLabel()：返回按钮的标签。

2）getActionCommand()：返回由按钮发出的 action 事件的命令名称。

3）addActionListener(ActionListener)：按钮通过该方法注册监听器。

【例 9-3】编程：实现一个按键界面，该界面中有两个按钮，分别为 Start、Stop，效果如图 9-3 所示。

```
import java.awt.BorderLayout;
import java.awt.Button;
import java.awt.Frame;
public class ShowButton{
```

```
    public static void main(String[] args){
      Frame f=new Frame("按钮界面");
      Button b1=new Button("Start");
      Button b2=new Button("Stop");
      f.add(b1,BorderLayout.NORTH);
      f.add(b2,BorderLayout.SOUTH);
      f.setSize(300,150);
      f.setVisible(true);
    }
}
```

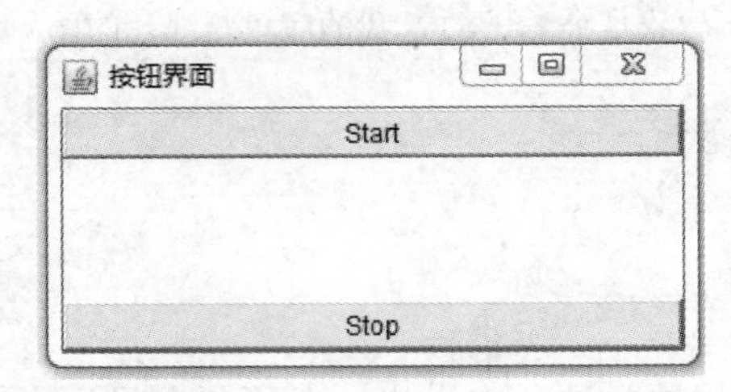

图 9-3　例 9-3 程序实现效果

9.2.3　文本框和文本区

1. 文本框的建立

文本框所在位置为 java.awt.TextField。

新建 4 个文本框，方法如下。

```
TextField tf1,tf2,tf3,tf4;
tf1=new TextField();                //空文本
//允许最多输入 20 个字符的空文本框
tf2=new TextField("",20);
tf3=new TextField("Hello!");      //默认显示“Hello”的文本框
//允许最多输入 30 个字符且默认显示“Hello”的文本框
tf4=new TextField("Hello",30);
```

2. 常用文本组件方法

1）TextField()：构造新文本字段。

2）TextField(int columns)：构造具有指定列数的新的空文本字段。

3）TextField(String text)：构造使用指定文本初始化的新文本字段。

4）TextField(String text,int columns)：构造使用要显示的指定文本初始化的新文本字段，宽度足够容纳指定列数。

5）setText(String t)：将此文本组件显示的文本设置为指定文本。

6）String getText()：返回此文本组件表示的文本。默认情况下，此文本是一个空字符串。

7）addActionListener(ActionListener l)：添加指定的操作监听器，以此文本字段接收操作事件。

8）setEditable(boolean b)：设置判断此文本组件是否可编辑的标志。

如果将该标志设置为 true，则此文本组件用户可编辑。如果将该标志设置为 false，则用户无法更改此文本组件的文本。

3. 文本区的建立

1）TextArea()：构造方法，创建的文本区对象的行数和列数取默认值。

2）TextArea(String s)：构造方法，创建的文本区初始字符串为 s，文本区有水平滚动条和垂直滚动条。

3）TextArea(int x,int y)：构造方法，创建的文本区对象的行数为 y，列数为 x；文本区有水平滚动条和垂直滚动条。

4）TextArea(String s,int x,int y)：构造方法，创建的文本区对象的初始字符串为 s，行数为 y，列数为 x；文本区有水平滚动条和垂直滚动条。

5）TextArea(String s,int x,int y,int scrollbar)：构造方法，创建的文本区对象的初始字符串为 s，行数为 y，列数为 x；scrollbar 取值为 TextArea.SCROLLBARS_BOTH、TextArea.SCROLLBARS_VERTICAL_ONLY 、 TextArea.SCROLLBARS_HORIZONAL_ONLY、TextArea.SCROLLBARS_NONE。

4. 常用文本区方法

1）public void setText(String s)：设置文本区中的文本为 s。

2）public String getText()：获取文本区中的文本。

3）public void setEditable(boolean b)：设置文本区是否可编辑，默认为可编辑。

4）public boolean isEditable(boolean b)：文本区可编辑时，返回 true，否则返回 false。

5）public void insert(String s,int x)：向文本区指定的位置 x（文本区开始处字符的个数）插入指定文本 s。

6）public void append(String s)：在文本区尾部追加文本。

【例 9-4】编程：在界面中设计显示一个单行文本框和一个文本区，并实现相应信息的输入，效果如图 9-4 所示。

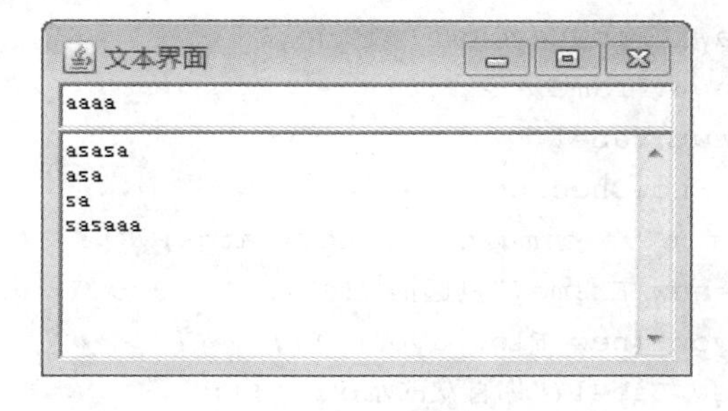

图 9-4 有回显字符的文本框和文本区

```
import java.awt.BorderLayout;
import java.awt.Button;
import java.awt.Frame;
import java.awt.TextArea;
import java.awt.TextField;
public class TwoText{
   public static void main(String[] args){
      Frame f=new Frame("文本界面");
      TextField tf=new TextField();
      TextArea ta=new TextArea();
      f.add(tf,BorderLayout.NORTH);
      f.add(ta);
      f.setSize(300,150);
      f.setVisible(true);
   }
}
```

9.2.4 复选框、单选按钮、列表框和下拉列表

1. 复选框

Checkbox 类用于创建复选框和单选按钮，它们是具有开关或真假值状态的组件。创建复选框的构造方法是 public Checkbox(String s)。

【例 9-5】编程：实现复选框界面，效果如图 9-5 所示。

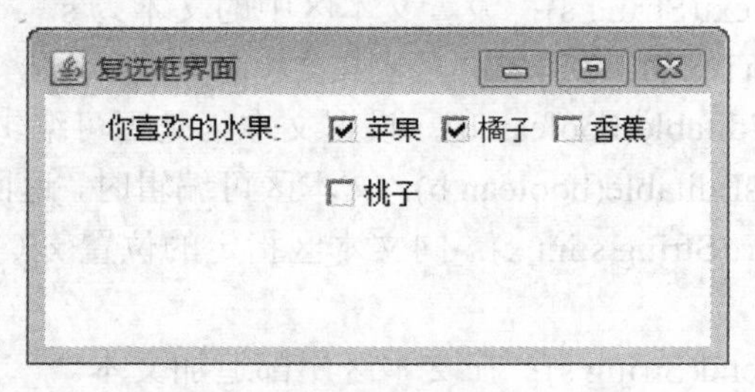

图 9-5 例 9-5 程序实现效果

```
import java.awt.Checkbox;
import java.awt.FlowLayout;
import java.awt.Frame;
import java.awt.Label;
public class ShowCheckbox {
   public static void main(String[] args){
      Frame f=new Frame("复选框界面");
      f.setLayout(new FlowLayout());
      f.add(new Label("你喜欢的水果: "));
```

```
        f.add(new Checkbox("苹果"));
        f.add(new Checkbox("橘子"));
        f.add(new Checkbox("香蕉"));
        f.add(new Checkbox("桃子"));
        f.setSize(300,150);
        f.setVisible(true);
    }
}
```

2. 单选按钮

创建一组单选按钮的构造方法是 public Checkbox(String s,CheckboxGroup c,boolean state)，其中，参数 s 是单选按钮的标签名，该按钮属于按钮组 c。在创建单选按钮之前，先创建按钮组 CheckboxGroup 的类对象 c。state 是单选按钮的初始状态，其值为 true 或 false。在一组单选按钮中仅允许有一个的初始状态为 true，其余均为 false。

【例 9-6】 编程：实现一个单选按钮界面，效果如图 9-6 所示。

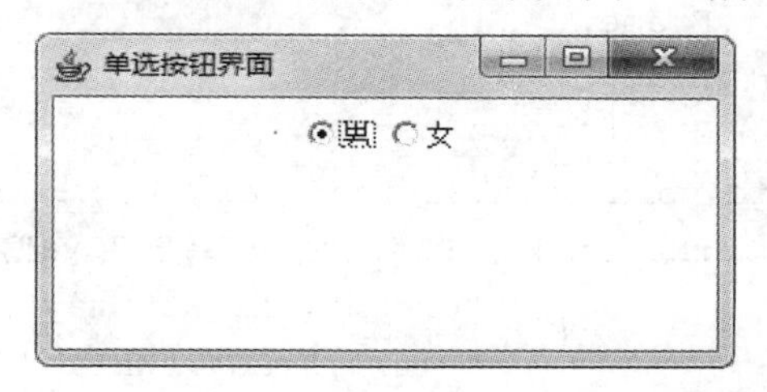

图 9-6 例 9-6 程序实现效果

```
import java.awt.Checkbox;
import java.awt.CheckboxGroup;
import java.awt.FlowLayout;
import java.awt.Frame;
public class RadioButton{
    public static void main(String[] args){
        Frame f=new Frame("单选按钮界面");
        f.setLayout(new FlowLayout());
        CheckboxGroup cbg=new CheckboxGroup();
        f.add(new Checkbox("男",cbg,true));
        f.add(new Checkbox("女",cbg,false));
        f.setSize(300,150);
        f.setVisible(true);
    }
}
```

3. 列表框

列表框（List）用于显示一系列的选项，用户可以从中选择一项或多项。List 类继承于 Component 类，用于创建 List 的类对象。

列表框的构造方法为 public List(int items,boolean ms)，其中，items 表示一次显示几个选项，如果选项多于 items 的值，显示窗口会出现垂直的滚动条，允许翻页寻找。逻辑值 ms 为 false 时，表示这个 List 为单项选择；为 true 时，允许多项选择。

【例 9-7】编程：实现一个列表框界面，效果如图 9-7 所示。

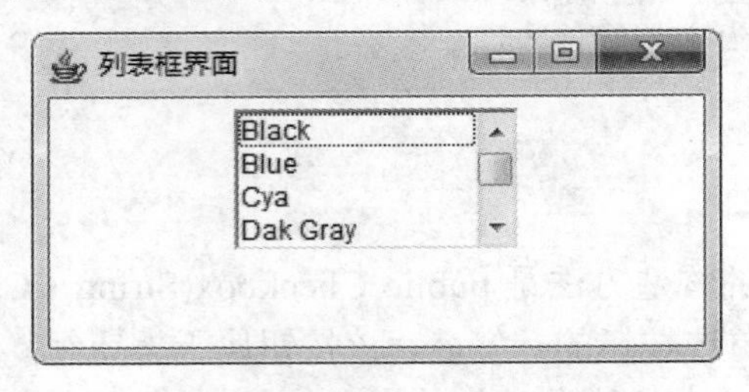

图 9-7 例 9-7 程序实现效果

```
import java.awt.FlowLayout;
import java.awt.Frame;
import java.awt.List;
public class ShowList{
  public static void main(String[] args){
    String colorNames[]={"Black","Blue","Cya","Dak Gray","Gray",
                        "Green","Light Gray","Magenta","Orange",
                        "Pink","red","White","Yellow"};
    Frame f=new Frame("列表框界面");
    f.setLayout(new FlowLayout());
    List colorList=new List();
    for(int i=0;i<colorNames.length;i++){
      colorList.add(colorNames[i]);
    }
    f.add(colorList);
    f.setSize(300,150);
    f.setVisible(true);
  }
}
```

4. 下拉列表

下拉列表可以为用户提供多个选项，单击下拉列表右侧的下拉按钮可以打开或关闭选择列表。

java.awt 包中的 Choice 类是用来建立下拉列表的，即 Choice 类创建的一个对象就是一个下拉列表。

Choice 类提供了很多方法，以下是一些常用的方法，这些方法均为 public 方法。

1）Choice()：构造方法，构造下拉列表。

2）add(String s)：向下拉列表中增加一个选项。

3）getSelectedIndex()：返回当前选项的索引。

4）getSelectedItem()：返回当前选项的字符串。

5）insert(String s, int n)：将字符串插入下拉列表的指定位置。

6）remove(int n)：从下拉列表中删除指定的选项。

7）removeAll()：删除全部选项。

【例 9-8】编程：实现一个下拉列表界面，效果如图 9-8 所示。

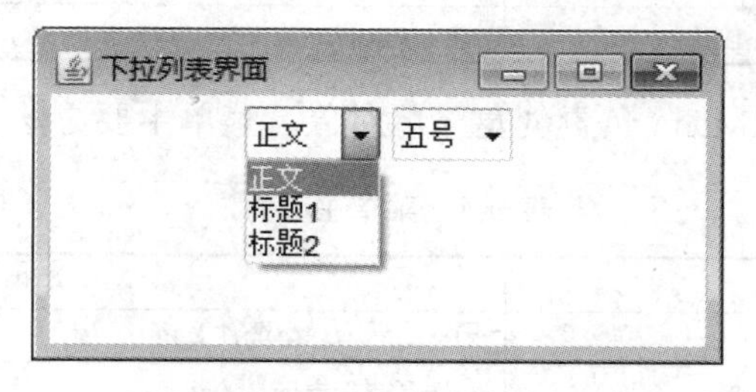

图 9-8 例 9-8 程序实现效果

```
import java.awt.Choice;
import java.awt.FlowLayout;
import java.awt.Frame;
public class ShowChoice{
   public static void main(String[] args){
      Frame f=new Frame("下拉列表界面");
      f.setLayout(new FlowLayout());
      Choice choice1=new Choice();
      Choice choice2=new Choice();
      choice1.add("正文");
      choice1.add("标题 2");
      choice1.insert("标题 1",1);
      choice2.add("五号");
      choice2.add("一号");
      choice2.add("二号");
      f.add(choice1);
      f.add(choice2);
      f.setSize(300,150);
      f.setVisible(true);
   }
}
```

9.2.5 菜单

菜单的创建需要菜单栏、菜单和菜单项。菜单项添加到菜单中，菜单添加到菜单栏中，菜单栏通过 Frame 的 setMenuBar(MenuBar mb)方法添加到窗口里。

1）菜单项：java.awt.MenuItem 负责创建菜单项。菜单项主要方法如表 9-3 所示。

表 9-3　菜单项主要方法

方法	说明
MenuItem()	构造无标题的菜单项
MenuItem(String s)	构造标题为 s 的菜单项
setEnabled(Boolean b)	设置当前菜单项是否可被选择
getLabel()	得到菜单项的字符串
addActionListener(ActionListener l)	向菜单项增加监视器

2）菜单：java.awt.Menu 负责创建菜单对象。菜单主要方法如表 9-4 所示。

表 9-4　菜单主要方法

方法	说明
Menu()	构造具有空标签的新菜单
Menu(String label)	构造具有指定标签的新菜单
add(MenuItem mi)	将指定的菜单项添加到此菜单
add(String label)	将带有指定标签的菜单项添加到此菜单
getItem(int index)	获取此菜单的指定索引处的菜单项
getItemCount()	获取此菜单中的菜单项数
insert(MenuItem menuitem,int index)	将菜单项插入此菜单的指定位置
insert(String label,int index)	将带有指定标签的菜单项插入此菜单的指定位置
remove(int index)	从此菜单移除指定索引处的菜单项
removeAll()	从此菜单移除所有菜单项

3）菜单栏：java.awt.MenuBar 负责创建菜单栏对象。

【例 9-9】编程：创建窗体菜单，当单击某一个菜单项时，文本区显示该菜单的所有菜单项的名称，效果如图 9-9 所示。

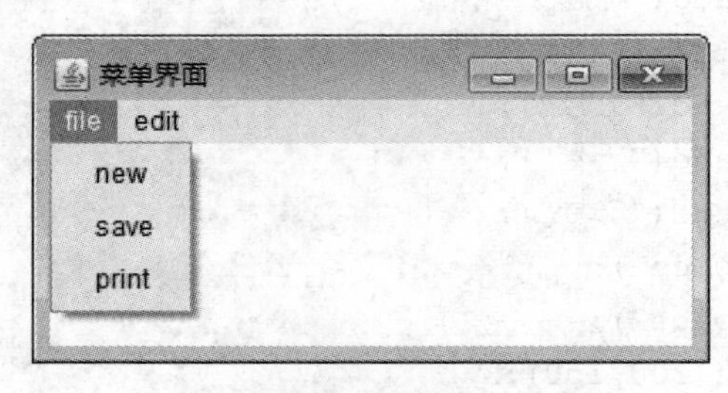

图 9-9　例 9-9 程序实现效果

```
import java.awt.FlowLayout;
import java.awt.Frame;
import java.awt.Menu;
import java.awt.MenuBar;
import java.awt.MenuItem;
public class ShowMenu{
```

```
    public static void main(String[] args){
        MenuBar menuBar;
        Menu menu1,menu2;
        MenuItem item1,item2,item3,item4,item5,item6;
        Frame f=new Frame("菜单界面");
        f.setLayout(new FlowLayout());
        menuBar=new MenuBar();
        menu1=new Menu("file");
        menu2=new Menu("edit");
        item1=new MenuItem("new");
        item2=new MenuItem("save");
        item3=new MenuItem("print");
        item4=new MenuItem("copy");
        item5=new MenuItem("paste");
        item6=new MenuItem("select");
        menu1.add(item1);
        menu1.add(item2);
        menu1.add(item3);
        menu2.add(item4);
        menu2.add(item5);
        menu2.add(item6);
        menuBar.add(menu1);
        menuBar.add(menu2);
        f.setMenuBar(menuBar);
        f.setSize(300,150);
        f.setVisible(true);
    }
}
```

9.2.6 对话框

在 java.awt.Window 类中，窗口一共分两种：框架（frame）和对话框（dialog），两者都直接继承 Window 类。对话框是一种简单的窗口，标题栏中只有一个关闭按钮。常见的错误操作时弹出的错误提示就是用对话框来实现的。

对话框是一个带标题栏和边框的顶层窗口，一般用于从用户处获得某种形式的输入。对话框的默认布局为 BorderLayout。对话框一般不单独出现，常常依赖于某一个父窗体。对话框常用方法如表 9-5 所示。

表 9-5 对话框常用方法

方法	说明
Dialog(Dialog owner,String title)	构造一个最初不可见的、无模式的对话框，它带有对话框所有者和标题
Dialog(Dialog owner,String title,boolean modal)	构造一个最初不可见的对话框，它带有对话框所有者、标题和模式
String getTitle()	获取对话框的标题
void setTitle(String title)	设置对话框的标题
void setSize(int width,int height)	从 Window 类继承而来，调整组件的大小，使其宽度为 width，高度为 height
void setVisible(boolean b)	根据参数 b 的值显示或隐藏此对话框

【例 9-10】编程：实现一个对话框，对话框中有一个 Label，并加入适配器，使标题栏中的关闭按钮起作用，效果如图 9-10 所示。

图 9-10 例 9-10 程序实现效果

```
import java.awt.Dialog;
import java.awt.Frame;
import java.awt.Label;
import java.awt.event.WindowAdapter;
import java.awt.event.WindowEvent;
public class Dialog1{
   public static void main(String[] args){
      Frame frame=new Frame("父窗体");
      MyDialog m=new MyDialog(frame,"我是对话框");
   }
}
class MyDialog extends Dialog{
   Label l;
   MyDialog(Frame f,String s){
      super(f,s);
      l=new Label("对话框",Label.CENTER);
      this.setSize(60,60);
      setVisible(true);
      this.setModal(false);                  //将对话框设置成非模态对话框
      add(l);
      //加入适配器，使对话框标题栏中的关闭按钮起作用
      this.addWindowListener(new WindowAdapter(){
         public void windowClosing(WindowEvent e){
            setVisible(false);
            System.exit(0);
         }
      });
   }
}
```

9.2.7 容器

Swing 中有 3 种可以使用的顶层容器（见表 9-6），它们分别如下。

1）JFrame：用来设计类似于 Windows 系统中的窗口形式的应用程序。

2）JDialog：和 JFrame 类似，只不过 JDialog 用来设计对话框。

3）JWindow：可以显示在用户桌面上的任何位置。它没有标题栏、窗口管理按钮或者其他与 JFrame 关联的修饰，但它仍然是用户桌面的“一类居民”，可以存在于桌面上的任何位置。

表 9-6 顶层容器

组件	所属类	常用构造方法
JFrame	javax.swing.JFrame	JFrame()
		JFrame(String s)
JDialog	javax.swing.JDialog	JDialog()
		JDialog(Frame owner)
		JDialog(Frame owner,String title)
JWindow	javax.swing.JWindow	略

Swing 套件的中间层容器用于将 Swing 元件群组化，以便使用版面配置管理器来编排新增的 GUI 元件。Swing 套件提供了多种中间层容器，具体如表 9-7 所示。

表 9-7 中间层容器

组件	所属类	常用构造方法
JPanle（面板）	javax.swing.JPanel	JPanle()
		JPanle(LayoutManager layout)
JScrollPane（滚动面板）	javax.swing.JScrollPane	JscrollPane()
		JScrollPane(Component view)
		JSplitPane(int newOrientation)
JToolBar（工具栏）	javax.swing.JToolBar	JtoolBar()
		JtoolBar(String name)

另外，Swing 还提供了许多特殊容器以方便编程，如 JSplitPane（分割面板）、JTabbedPane（多选项卡）、JLayeredPane（层容器，允许组件互相重叠），相关内容可查阅 API 文档，这里不再赘述。

【例 9-11】容器在编程中的基本用法。

```
import java.awt.Dimension;
import javax.swing.BorderFactory;
import javax.swing.ImageIcon;
import javax.swing.JFrame;
import javax.swing.JLabel;
import javax.swing.JLayeredPane;
import javax.swing.JPanel;
public class TestJLayeredPane{
```

```
    JFrame jf=new JFrame("重叠面板");
    JLayeredPane layeredPane=new JLayeredPane();
    public void init(){ //向 layeredPane 中添加 3 个组件
        layeredPane.add(new ContentPanel(10,20,"加菲猫",
                    "jia.jpg"),JLayeredPane.MODAL_LAYER);
        layeredPane.add(new ContentPanel(120,60,"火影忍者-佐助",
                    "huo.jpg"),JLayeredPane.DEFAULT_LAYER);
        layeredPane.add(new ContentPanel(230,100,"仙剑 4-柳梦璃",
                    "liu.jpg"),4);
        layeredPane.setPreferredSize(new Dimension(400,300));
        layeredPane.setVisible(true);
        jf.add(layeredPane);
        jf.pack();
        jf.setDefaultCloseOperation(JFrame.EXIT_ON_CLOSE);
        jf.setVisible(true);
    }
    public static void main(String[] args){
        new TestJLayeredPane().init();
    }
}
class ContentPanel extends JPanel{
    public ContentPanel(int xPos,int yPos,String title,String ico)
    {
        setBorder(BorderFactory.createTitledBorder
        (BorderFactory.createEtchedBorder(),title));
        JLabel label=new JLabel(new ImageIcon(ico));
        add(label);
        setBounds(xPos,yPos,160,200);
    }
}
```

程序运行效果如图 9-11 所示。

图 9-11　例 9-11 程序运行效果

9.3 布局设计

布局管理器（layout manager）负责管理容器中组件的布局。它指明了容器中构件的位置和尺寸。当创建一个容器时，Java 自动为它创建并分配一个默认的布局管理器，以确定容器中控件的布置。可以根据需要在应用中为不同的容器创建不同的布局管理器，从而达到客户所需要的页面效果。

java.awt 包中定义了 5 种布局类：FlowLayout、BorderLayout、CadLayout、GridLayout、GridBagLayout。本书重点讲解 FlowLayout（流式布局）、BorderLayout（边框布局）及 GridLayout（网格布局）这 3 种布局方式。

9.3.1 流式布局

FlowLayout 类是流式布局（顺序布局）管理器类，流式布局管理器可以自动依据窗口的大小，将组件按照由左到右、由上到下的顺序排列。默认情况下，流式布局管理器从容器的中心位置开始摆放。FlowLayout 的构造方法如下：

1）FlowLayout()：构造一个新的 FlowLayout，居中对齐，默认的水平间距和垂直间距是 5 个单位。

2）FlowLayout(int align)：构造一个新的 FlowLayout，对齐方式是指定的，默认的水平间距和垂直间距是 5 个单位。其中，align 参数可以为 FlowLayout.LEFT（左对齐）、FlowLayout.RIGHT（右对齐）、FlowLayout.CENTER（中心对齐）。

3）FlowLayout(int align,int hgap,int vgap)：创建一个新的流式布局管理器，具有指定的对齐方式及指定的水平间距和垂直间距。与 FlowLayout(int align)构造方法不同的是，该构造方法多了两个参数，其中 hgap、vgap 参数分别以像素为单位设置组件之间的水平间距和垂直间距。

【例 9-12】 流式布局应用实例（效果如图 9-12 所示）。

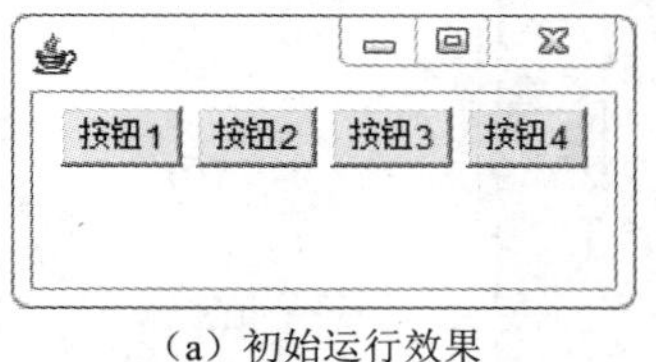

（a）初始运行效果

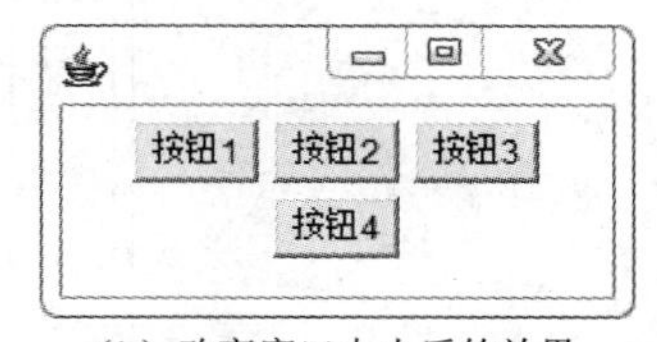

（b）改变窗口大小后的效果

图 9-12 例 9-12 程序实现效果

```
import java.awt.Button;
import java.awt.FlowLayout;
import java.awt.Frame;
public class Flow{
  public static void main(String[] args){
    new FlowBuju();
  }}
```

```
class FlowBuju extends Frame{
   public FlowBuju(){
      this.setLayout(new FlowLayout());
      for(int i=1;i<5;i++){
         this.add(new Button("按钮"+i));
      }
      this.setSize(200,100);
      this.setVisible(true);
   }
}
```

9.3.2 边框布局

边框布局管理器（BorderLayout）可以把容器内的空间简单地划分为东、南、西、北、中 5 个区域，然后按各区域放置组件。每个组件的尺寸都填满相应的空间，只有处于中间区域的组件具有特权，它可以在其余 4 个周边部件缺少一个或几个时，扩大中间区域组件尺寸，占满剩余空间。

当加入组件时，可使用 add()方法。格式如下：

```
add(Component comp,Object region);
```

其中，comp 是被加入的组件，region 指定组件被加入的位置。

对于参数 region，有效的字符串有 5 个：BorderLayout.CENTER、BorderLayout.SOUTH、BorderLayout.EAST、BorderLayout.WEST 和 BorderLayout.NORTH，分别表示 5 个不同的区域。BorderLayout 是容器框架、窗口和对话框的默认布局管理器。

【例 9-13】边框布局应用实例（效果如图 9-13 所示）。

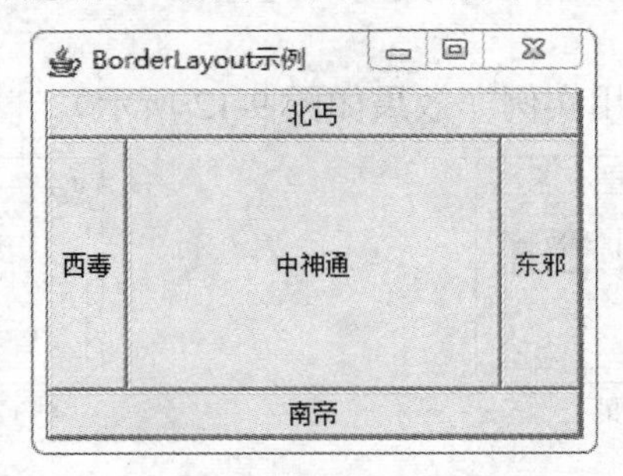

图 9-13　例 9-13 程序实现效果

```
import java.awt.BorderLayout;
import java.awt.Button;
import java.awt.Frame;
public class TestBorderLayout extends Frame{
   Button button1=new Button();
   Button button2=new Button();
   Button button3=new Button();
```

```
        Button button4=new Button();
        Button button5=new Button();
        public TestBorderLayout(){
            super("BorderLayout 示例");
            try{
                jbInit();
            }
            catch(Exception ex){
                ex.printStackTrace();
            }
        }
        void jbInit() throws Exception{
            button1.setLabel("北丐");
            button2.setLabel("西毒");
            button3.setLabel("中神通");
            button4.setLabel("东邪");
            button5.setLabel("南帝");
            this.add(button1,BorderLayout.NORTH);
            this.add(button2,BorderLayout.WEST);
            this.add(button3,BorderLayout.CENTER);
            this.add(button4,BorderLayout.EAST);
            this.add(button5,BorderLayout.SOUTH);
            this.setSize(250,200);
        }
        public static void main(String[] args){
            TestBorderLayout boderLayout=new TestBorderLayout();
                boderLayout.setVisible(true);
        }
    }
```

9.3.3 网格布局

网格布局管理器用于将容器区域划分为一个矩形网格（区域），其组件按行和列排列，每个组件占一格。

GridLayout 的构造方法包括以下几种：

1）GridLayout()：创建具有默认值的网格布局，即每个组件占据一行一列。

2）GridLayout(int rows,int cols)：创建具有指定行数和列数的网格布局。

3）GridLayout(int rows,int cols,int hgap,int vgap)：创建具有指定行数和列数的网格布局，分别设置组件之间的水平间距和垂直间距。

【例 9-14】网格布局应用实例（效果如图 9-14 所示）。

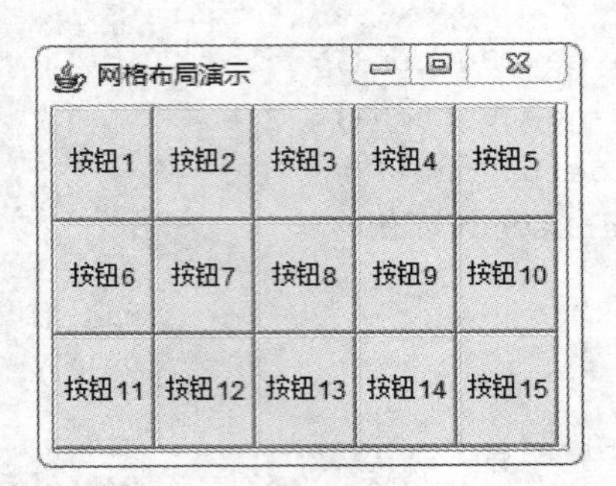

图 9-14 例 9-14 程序实现效果

```
import java.awt.Button;
import java.awt.Frame;
import java.awt.GridLayout;
public class TestGrideLayout{
   public static void main(String args[]) {
      Frame f=new Frame("网格布局演示");
      int m=3,n=5;
      f.setLayout(new GridLayout(m,n));
      for(int i=0;i<m;i++)
         for(int j=0;j<n;j++){
            int k=i*n+j+1;
            f.add(new Button("按钮"+k));
         }
      f.setSize(250,200);
      f.setVisible(true);
   }}
```

9.4 事件处理

通常当用户在用户接口上进行某种操作时，如按下键盘上某个键或移动鼠标，均会引发一个事件（event）。事件用来描述所发生的事情，用户操作的不同种类对应不同类型的事件类。

9.4.1 事件模型

JDK 1.0 采用层次型的事件模型，如图 9-15 所示。

相比 JDK 1.0，JDK 1.1 对事件的接受和处理方式做了很大的变动，其对应的事件模型称为委托代理模型（delegation model）。该模型的原理如下：当事件产生时，该事件被送到产生该事件的组件去处理，而要能够处理这个事件，该组件必须登记（register）了与该事件有关的一个或多个被称为监听器（listener）的类，这些类包含了相应的方法，能接受事件并对事件进行处理，如图 9-16 所示。

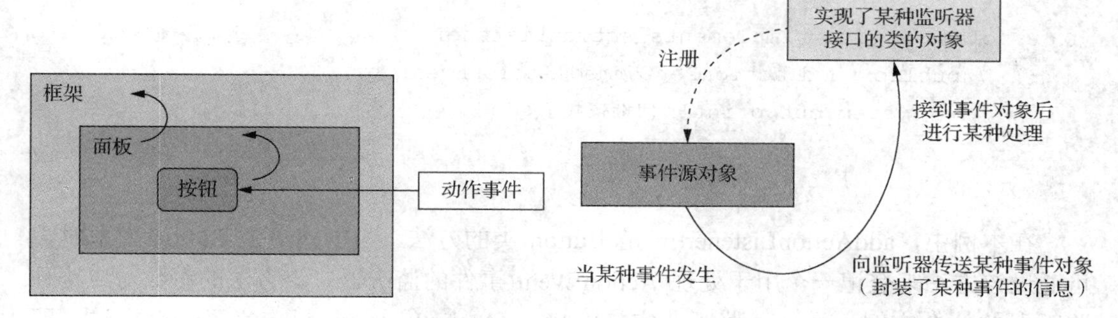

图 9-15　JDK 1.0 的层次模型　　　　图 9-16　委托处理模型

在这种模式中，事件的产生者和事件的处理者分离开了，它们可以是不同的对象。事件的处理者，即那些监听器，是一些实施了 Listener 接口的类。当事件传到登记的监听器时，该监听器中必须有相应的方法来接受这种类型的事件并对它进行处理。一个组件若没有登记的监听器，则它产生的事件就不会被传递。

微课：事件处理模型、简易计算器

【例 9-15】编程实现委托处理模型。新建一个窗口，在窗口中设置一个按钮，当用户单击该按钮时，控制台输出一句话，效果如图 9-17 所示。

图 9-17　例 9-15 程序实现效果

```
import java.awt.Frame;
import java.awt.BorderLayout;
import java.awt.Button;
import java.awt.event.ActionListener;
import java.awt.event.ActionEvent;
public class TestActionEvent{
  public static void main(String[] args){
    Frame f=new Frame("事件测试");
    f.setLayout(new BorderLayout());
    Button b=new Button("按我啊");
    Moniter m=new Moniter();
    b.addActionListener(m);
    f.add(b,BorderLayout.CENTER);
    f.pack();
    f.setVisible(true);
```

```
        }
    }
    class Moniter implements ActionListener{
        public void actionPerformed(ActionEvent e){
            System.out.println("谁按我了？");
        }
    }
```

在本例中，addActionListener(m)是 Button 类的方法，当创建一个 Button 对象时，可通过该方法来登记一个用于处理 ActionEvent 事件的监听器，该方法的参数对应这种监听器的一个实例。另外，监听器实施的接口 ActionListener 只定义了一个方法，即 actionPerformed()，该方法能接收一个 ActionEvent 类型的对象，并对它进行处理。

委托代理模型的优缺点如下：

1）优点：该模型较好地解决了层次模型中的问题，并提供了对 JavaBean 的支持。

2）缺点：虽然 JDK 的新版本也支持旧的层次模型，但层次模型和委托代理模型不能在程序中混用。

通过例 9-15 可以看出，“按钮被按”这个事件有 3 个必不可少的元素，即按钮、鼠标单击、监听器，这三者构成了事件模型的三要素：事件源对象、事件处理对象、监听器对象。

9.4.2 事件与监听器

打个比方：一个小偷在某火车站偷钱包被安装在广场某处的监控器拍摄到了，民警及时发现，抓捕小偷并追回赃款。这个例子中有事件源（某火车站广场某角落）、监听器（监控摄像头）、事件处理对象（民警抓小偷）。该事件可具体描述如下：把监听器安装在某火车站广场某角落，这个角落发生了盗窃事件，监听器将该事件的详细情况传给了事件处理对象——民警，民警做的处理就是抓获小偷。

针对该事件，在编程时需要做以下 3 件事情：

1）声明一个类实现事件处理对应的接口，可以是界面类自身（购买监控设备、布置警力）。

2）把界面和事件处理的类对象关联（安装监控设备）。

3）在实现的类的接口对应的处理方法中书写代码（一旦出现情况要怎样进行抓捕）。

结合例 9-15，可以看出事件与监听者之间的动作如下：新建一个按钮，并在按钮中注册一个监听器 b.addActionListener(m);，按钮被按下，事件发生，该事件（ActionEvent e）由注册在按钮中的监听器对象句柄 m 接收并传送至监听器类，进而触发监听器类的处理事件的方法 actionPerformed(ActionEvent e)处理事件并做出响应，即输出“谁按我了？”。

9.4.3　常用事件处理

1．事件的分类

（1）语义（semantic）事件

1）ActionEvent：对应按钮单击、菜单选择、列表框选择、在文本区按 Enter 键等。

2）AdjustmentEvent：用户调整滚动条。

3）ItemEvent：用户从一组选项中进行选择。

4）TextEvent：文本区或者文本框中的内容发生改变。

（2）低级（low-level）事件

1）ComponentEvent：组件大小改变、移动、显示或者隐藏。

2）KeyEvent：键盘上的一个键被按下或者释放。

3）MouseEvent：鼠标按键被按下、释放，鼠标移动或者拖动。

4）FocusEvent：组件获得焦点或者失去焦点。

5）WindowEvent：窗口被激活、屏蔽、最小化、最大化或关闭。

2．监听器接口

1）java.awt.event.ActionListener：用于接收操作事件的监听器接口。

2）java.awt.event.AdjustmentListener：用于接收调整事件的监听器接口。

3）java.awt.event.AWTEventListener：用于接收指派给对象的事件的通知，这些对象是 Component、MenuComponent 或其子类的实例。

4）java.awt.event.ComponentListener：用于接收组件事件的监听器接口。

5）java.awt.event.ContainerListener：用于接收容器事件的监听器接口。

6）java.awt.event.FocusListener：用于接收组件上的键盘焦点事件的监听器接口。

7）java.awt.event.HierarchyBoundsListener：用于接收组件的移动和大小调整事件的监听器接口。

8）java.awt.event.InputMethodListener：用于接收输入方法事件的监听器接口。

9）java.awt.event.ItemListener：用于接收选项事件的监听器接口。

10）java.awt.event.KeyListener：用于接收键盘事件（击键）的监听器接口。

11）java.awt.event.MouseListener：用于接收组件上的鼠标事件（按下、释放、单击、移入或离开）的监听器接口。

12）java.awt.event.MouseMotionListener：用于接收组件上的鼠标移动事件的监听器接口。

13）java.awt.event.MouseWheelListener：用于接收组件上的鼠标滚轮事件的监听器接口。

14）java.awt.event.TextListener：用于接收文本事件的监听器接口。

15）java.awt.event.WindowListener：用于接收窗口事件的监听器接口。

16）java.awt.event.WindowStateListener：用于接收窗口状态事件的监听器接口。

3．AWT 事件层次结构图

AWT 事件层次结构图如图 9-18 所示。

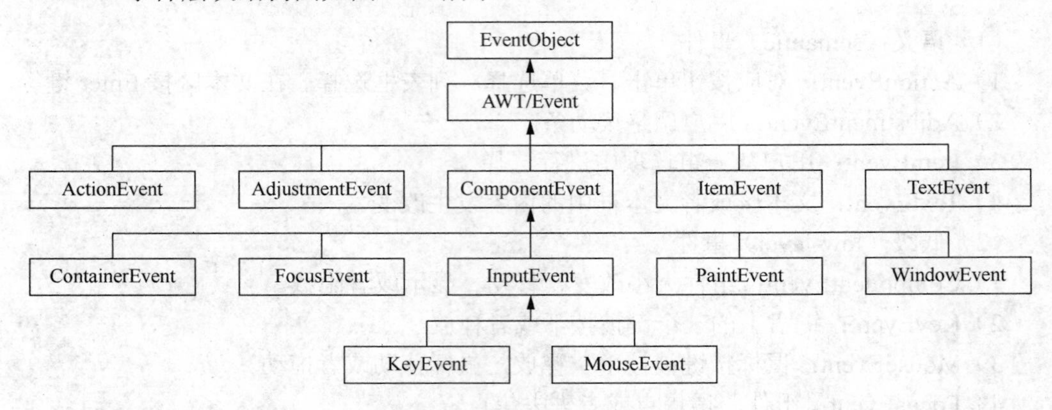

图 9-18　AWT 事件层次结构图

9.5　简易计算器实例

【例 9-16】运用 GUI 知识设计一个简易的计算器（重点考查组件、事件等相关知识），效果如图 9-19 所示。

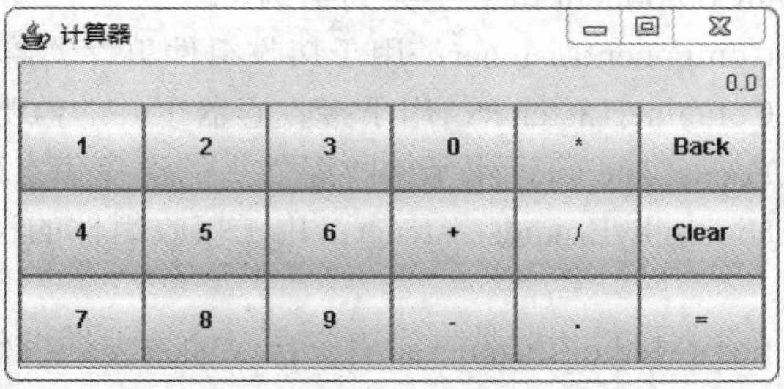

图 9-19　自制计算器

```
import java.awt.*;
import java.awt.event.*;
import javax.swing.*;
import java.awt.BorderLayout;
import java.awt.Container;
import java.awt.GridLayout;
import java.awt.Panel;
import java.awt.event.ActionEvent;
import java.awt.event.ActionListener;
import javax.swing.JButton;
import javax.swing.JFrame;
```

```
import javax.swing.JTextField;
public class Calculator extends JFrame{
   private Container container;                //框架
   private JTextField tf;                      //定义文本框
   private Panel panel;
   private String cmd;
   private double result;                      //运算结果
   private boolean start;                      //运算开始判断
   Calculator(){
      super("计算器");
      container=getContentPane();
      container.setLayout(new BorderLayout());
      //添加文本框
      tf=new JTextField("0.0");
      container.add(tf,BorderLayout.NORTH);
      tf.setHorizontalAlignment(JTextField.RIGHT);
      tf.setEditable(false);
      //嵌套容器
      panel=new Panel();
      container.add(panel);
      start=true;
      result=0;
      //最后运算等号
      cmd="=";
      ActionListener insert=new InsertAction();
      ActionListener command=new CommandAction();
      //调用创建 Button 方法
      addButton("1",insert);
      addButton("2",insert);
      addButton("3",insert);
      addButton("0",insert);
      addButton("*",command);
      addButton("Back",insert);
      addButton("4",insert);
      addButton("5",insert);
      addButton("6",insert);
      addButton("+",command);
      addButton("/",command);
      addButton("Clear",insert);
      addButton("7",insert);
      addButton("8",insert);
      addButton("9",insert);
```

```
    addButton("-",command);
    addButton(".",insert);
    addButton("=",command);
    setSize(400,200);
  }
  private void addButton(String str,ActionListener listener){
    //添加 Button 方法(操作类型、注册监听器)
    JButton button=new JButton(str);
    button.addActionListener(listener);
    panel.setLayout(new GridLayout(3,6));
    panel.add(button);
  }
  private class InsertAction implements ActionListener{
    //插入, insert
    public void actionPerformed(ActionEvent event){
      String input=event.getActionCommand();
      if(start){
        tf.setText("");
        start=false;
      }
      if(input.equals("Back")){
        String str=tf.getText();
        if(str.length()>0)
          tf.setText(str.substring(0,str.length()-1));
      } else if(input.equals("Clear")){
        tf.setText("0");
        start=true;
      } else
        tf.setText(tf.getText()+input);
    }
  }
  private class CommandAction implements ActionListener{
    //计算, command
    public void actionPerformed(ActionEvent e) {
      String command=e.getActionCommand();
      if(start){
        cmd=command;
      }else{
        calculate(Double.parseDouble(tf.getText()));
        cmd=command;
        start=true;
      }
```

```
        }
    }
    public void calculate(double x){
        //加、减、乘、除运算
        if(cmd.equals("+"))
            result+=x;
        else if(cmd.equals("-"))
            result-=x;
        else if(cmd.equals("*"))
            result*=x;
        else if(cmd.equals("/"))
            result/=x;
        else if(cmd.equals("="))
            result=x;
        tf.setText(""+result);
    }
    public static void main(String[] args){
        Calculator mycalculator=new Calculator();
        mycalculator.setLocation(300,300);
        mycalculator.setVisible(true);
    }
}
```

9.6 颜色与字体的设置

9.6.1 颜色类

五彩缤纷的色彩强烈地刺激着人们的视觉，传达了使人印象深刻的信息。例如，交通路口的信号灯发出 3 种颜色的灯光：红色表示停止，黄色表示注意，绿色表示通行。Java 通过 Color 类来处理颜色。Color 类提供了 13 种颜色常量、两种创建颜色对象的构造方法，以及多种获取颜色信息的方法。Java 采用 24 位颜色标准，每种颜色由红、绿、蓝 3 个值组成，即 R、G、B 的取值范围为 0～255，理论上可以组合成 1600 万种以上的颜色，实际上要考虑需要和可能性。一般地，Java 的调色板保证 256 色。

Color 类的 13 种颜色常量如表 9-8 所示。

表 9-8　Color 类的 13 种颜色常量

颜色常量	颜色	RGB 值
Color.black	黑色	0.0.0
Color.blue	蓝色	0.0.255
Color. green	绿色	0.255.0
Color.cyan	青色	0.255.255

续表

颜色常量	颜色	RGB 值
Color.darkGray	深灰色	64.64.64
Color.gray	灰色	128.128.128
Color.lightGray	浅灰色	192.192.192
Color.red	红色	255.0.0
Color. magenta	深红色	255.0.255
Color.pink	粉红色	255.75.175
Color.orange	橘黄色	255.00.0
Color.yellow	黄色	255.255.0
Color.white	白色	255.255.255

使用 Color 类的构造方法，用户可以创建自己喜欢的颜色对象。Color 类的构造方法如下。

```
public Color(int r,int g,int b);
public Color(float rl,float gl,float bl);
```

其中，整数 r、g、b 分别表示红、绿、蓝的含量，取值范围是 0～255。浮点数 r1、gl、b1 的取值范围是 0.0～1.0。

以下 3 个方法返回当前颜色的 3 个分量值：

```
public int getRed();
public int getGreen();
public int getBlue();
```

Graphics 类提供了设置当前颜色的方法：

```
public void setColor(Color c);
```

Graphics 类提供了返回当前颜色的 Color 对象的方法，可以用于保存当前颜色类型：

```
public Color getColor();
```

【例 9-17】利用实例变量 red、green 和 blue 的值，创建一个颜色对象，经过设置后，使用这个颜色输出字符串，效果如图 9-20 所示。

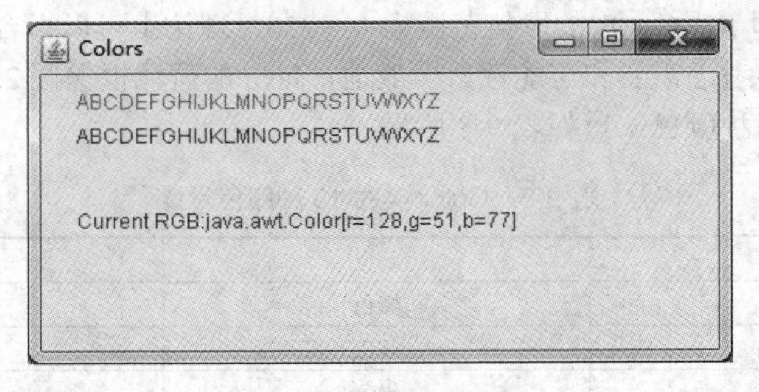

图 9-20　例 9-17 程序实现效果

```
package ch09;
import java.awt.Color;
import java.awt.Graphics;
import javax.swing.JFrame;
import javax.swing.JPanel;
public class ColorTest{
   private static int red;
   private static int green;
   private static int blue;
   private static float red1;
   private static float green1;
   private static float blue1;
   private static String str;
   public static void init(){
      red1=0.5f;
      green1=0.2f;
      blue1=0.3f;
      red=100;
      blue=255;
      green=125;
      str=new String("ABCDEFGHIJKLMNOPQRSTUVWXYZ");
   }
   public static void main(String[] args){
      init();
      JFrame newFrame=new JFrame("Colors");
      newFrame.setDefaultCloseOperation(JFrame.EXIT_ON_CLOSE);
      newFrame.setSize(400,200);
      newFrame.setLocation(200,200);
      newFrame.setVisible(true);
      newFrame.add(new FangKuai());
   }
   static class FangKuai extends JPanel{
      public void paint(Graphics g){
         Color c=new Color(red,green,blue);
         g.setColor(c);
         g.drawString(str,20,20);
         g.setColor(new Color(red1,green1,blue1));
         g.drawString(str,20,40);
         g.drawString("Current RGB:"+g.getColor(),20,90);
      }
   }
}
```

第一行字符串用颜色 c 显示，blue 的取值为 255，所以以蓝色为主；第二行字符串的颜色分量是用浮点数表示的，1.0 对应 255，0.5 对应 127。

9.6.2 字体类

Java 提供的 Font 类可以决定所要显示文字的字体、大小和位置，使输出的文字富于变化，更具特色，也更实用。

创建 Font 类的一个对象，构造方法如下：

```
Font(String name,int style,int size)
```

字体名称 name 有 Courier、Helvetica、Times New Roman 或是宋体、楷体等。

字体风格 style 用于设置文字的外观，有 3 个字体风格的静态常量：Font.PLAIN（正常字体）、Font.BOLD（黑体）、Font.ITALIC（斜体）。字体风格可以组合使用，如 Font.BOLD+Font.ITALIC。

字体大小 size 以点（point）来衡量，一个点是 1/2in（英寸，1in≈2.54cm）。

Font 类常用方法如表 9-9 所示。

表 9-9 Font 类常用方法

方法	说明
int getStyle()	返回当前字体风格的整数值
int getSize()	返回当前字体大小的整数值
String getName()	返回当前字体名称的字符串
String getFamily()	返回当前字体家族名称的字符串
boolean isPlain()	测试当前字体是否为正常字体
boolean isBold()	测试当前字体是否为黑体
boolean isItalic()	测试当前字体是否为斜体

另外，也可使用 Graphics 类的方法 void setFont (Font font)设置字体。

【例 9-18】演示字体的设置和显示效果。

```
package ch09;
import java.awt.Font;
import java.awt.Graphics;
import javax.swing.JFrame;
import javax.swing.JPanel;
public class FontTest{
  public static void main(String[] args){
    JFrame newFrame=new JFrame("Font");
    newFrame.setDefaultCloseOperation(JFrame.EXIT_ON_CLOSE);
    newFrame.setSize(400,200);
    newFrame.setLocation(200,200);
    newFrame.setVisible(true);
    newFrame.add(new FangKuai());
```

```
    }
    static class FangKuai extends JPanel{
      public void paint(Graphics g){
        Font f1,f2,f3;
        f1=new Font("Serif",Font.BOLD,12);
        f2=new Font("Monospaced",Font.ITALIC,24);
        f3=new Font("SansSerif",Font.PLAIN,14);
        g.setFont(f1);
        g.drawString("逻辑字体Serif 12点粗体",20,20);
        g.setFont(f2);
        g.drawString("逻辑字体Monospaced 24点 斜体",20,40);
        g.setFont(f3);
        g.drawString("逻辑字体SansSerif 14点 简体",20,60);
        Font f;
        int style,size;
        String s,name;
        f=new Font("Monospaced",Font.ITALIC+Font.BOLD,24);
        g.setFont(f);
        style=f.getStyle();
        if(style==Font.PLAIN)
          s="Plain";
        else if(style==Font.BOLD)
          s="Bold";
        else if(style==Font.ITALIC)
          s="Italic";
        else
          s="Bold Italic";
        size=f.getSize();
        s+=size+"point";
        name=f.getName();
        s+=name;
        g.drawString(s,20,90);
        g.drawString("Font family is"+f.getFamily(),20,110);
        if(f.isPlain()==true)
          s="Font is plain";
        else if(f.isBold()==true && f.isItalic()==false)
          s="Font is bold";
        else if(f.isItalic()==true && f.isBold()==false)
          s="Font is italic";
        else
          s="Font is bold italic";
        g.drawString(s,20,140);
```

```
        }
    }
}
```

程序运行结果如图 9-21 所示。

图 9-21　例 9-18 程序运行结果

本 章 小 结

本章介绍了使用 Java 进行图形用户界面设计的方法，重点介绍了 AWT 中的基本组件，以及布局管理器和事件处理模型。通过本章的学习，读者应能够熟练应用 AWT 进行图形用户界面开发，从而达到学以致用的目的。

习题 9

一、选择题

1．下列组件中，可以为其设置布局管理器是（　　）。

A．JDialog　　B．JFrame　　C．JWindow　　D．JPanel

2．要实现表格需继承（　　）类。

A．AbstractTableModel　　B．TableModel

C．JTable　　D．TableModelable

3．在 Java 中，开发图形用户界面的程序需要使用一个系统提供的类库，这个类库是（　　）。

A．java.io　　B．java.awt

C．java.applet　　D．java.awt.event

4．在 Java 图形用户界面编程中，若显示一些不需要修改的文本信息，一般使用（　　）类的对象来实现。

A．JLabel　　B．JButton

C．JTextArea　　D．JTextField

5．创建一个“关闭”按钮的语句是（　　）。

A．JTextField b=new JTextField("关闭");

B．JLabel b=new JLabel("关闭");

C．JCheckbox b=new JCheckbox("关闭");

D．JButton b=new JButton("关闭");

6．容器被重新设置大小后，（　　）布局管理器的容器中的组件大小不随容器大小的变化而改变。

A．CardLayout　　B．FlowLayout

C．BorderLayout　　D．GridLayout

7．欲实现如图 9-22 所示的界面，用于显示用户指定的图像：如果在区域 A 中只能放置一个 AWT 组件，从各组件的本来功能角度考虑，最好使用（　　）组件。

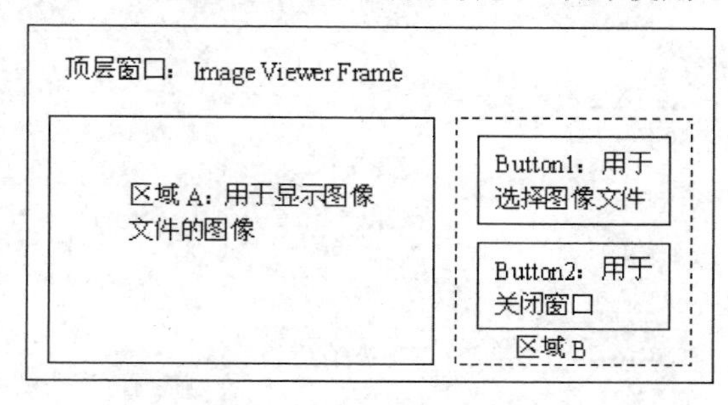

图 9-22　图形用户界面

A．TextArea　　B．Panel　　C．Applet　　D．Canvas

8．图形用户界面如图 9-22 所示。若 Button1 的功能是：单击后弹出一个用于输入的界面，获取用户想要显示的图像文件名，则该界面最好是（从编程简单和程序不易出错的角度考虑）（　　）。

A．模式（Modal）Dialog　　B．非模式（None-modal）Dialog

C．FileDialog　　D．Frame

9．图形用户界面如图 9-22 所示。如果在 A 区域使用某种 AWT 组件（java.awt.Component 的子类）来负责绘制图像，则绘图的语句最好放在该组件的（　　）方法中（考虑到应用程序和 Java 虚拟机的 AWT 线程都会要求重画该组件）。

A．构造方法　　B．paint(Graphics g)

C．update(Graphics g)　　D．repaint()

二、程序设计题

阅读以下程序，写出程序实现的功能。

```
import java.awt.*;
public class abc
{
  public static void main(String args[]){
    new FrameOut();
  }
```

```
class FrameOut extends Frame        //Frame 为系统定义的窗框类
{
   Button btn;
   FrameOut(){
      super("按钮");
      btn=new  Button("按下我");
      setLayout(new FlowLayout());
      add(btn);
       setSize(300,200);
      show();
    }
   }
}
```

习题 9 参考答案

第10章 网络编程

学习指南

本章主要讲解Java语言中的两种通信方式：URL通信模式和Socket通信模式，它们都包含在java.net包中。本章还将介绍Java的三大网络功能：第一种是利用URL（uniform resource locator，统一资源定位器）来获取网络上的资源及将自己的数据传送到网络的另一端；第二种是通过Socket（套接字）在客户机与服务器之间建立一个连接来进行数据的传输与通信，通常用于面向连接的通信；第三种是通过数据报（datagram）将数据发送到网络上，这是一种面向无连接的通信方式。

难点重点

- 基于TCP的Socket通信。
- 基于HTTP的URL通信。
- 基于UDP的DatagramSocket通信。

10.1 网络基础

计算机网络是利用通信设备和线路将地理位置不同、功能独立的多个计算机相互连接起来，以实现资源共享和信息交换的系统。Internet是世界上最大的互联网，它把全世界各个地方的各种网络互相连接起来，组成一个跨越地域的庞大的互联网络。随着Internet的发展，人类社会的生活观念正在发生变化，Internet是人类文明史上的一个重要里程碑。

在进行网络编程之前，需要先了解一些网络方面的概念，主要包括IP地址、通信端口、客户机与服务器、连接及通信协议等。

1. IP地址

为了在网络中唯一标识一台机器，统一采用IP地址来标识网络上的机器。IPv4地址在计算机内部的表现形式是一个32位的二进制数，实际表现为一个点分十进制格式的数据，由点号（.）将数据分为4组，如202.192.4.89，每个数字代表一个8位二进制数，总共32位。在这4个数字中，每个数字都不能超过255，因为一个8位二进制数的最大值为 255。

用点分十进制格式来表示一个 IP 地址，记忆起来很不方便而且很容易记错，为了便于记忆，Internet 提供了一种域名服务，将 IP 地址与某个域名对应起来，这种域名就是通常所说的网址。

2．通信端口

有时候，一台机器会提供多种服务，如 HTTP 服务和 FTP 服务。IP 地址只能标识一台物理的机器，并不能完整地标识一个服务，这就需要通过端口来确定。通常某种服务对应于某个协议，并与计算机上的某个唯一的端口号关联在一起。

计算机中的 1～1024 端口保留为系统服务，在程序中不应让自己设计的服务占用这些端口。

3．客户机与服务器

网络中的机器进行通信和交流时，通常有一个信息的提供者和一个信息的接收者，就像人与人交谈一样，一个人说，另一个人听。在网络中，信息的提供者叫作服务器，信息接收者叫作客户机。客户机连接到服务器，向服务器发送信息请求，服务器则侦听客户机的请求，并对请求进行处理，将请求结果返回给客户机，这样，便完成了客户机与服务器之间的交流，如图 10-1 所示。

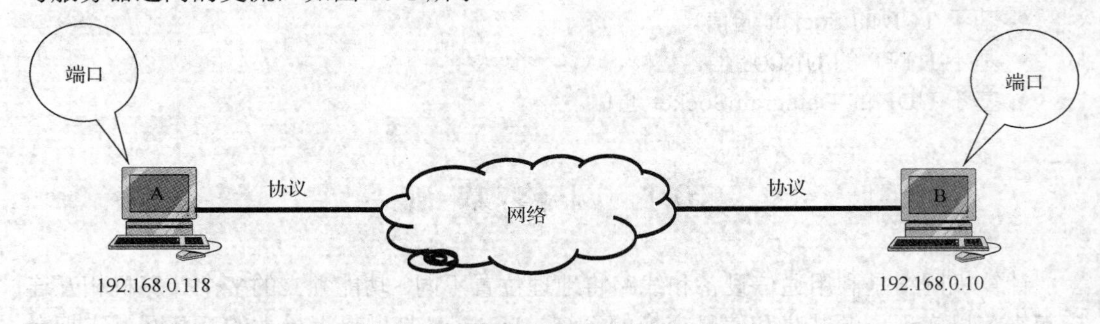

图 10-1　两台计算机通过网络进行通信

4．连接与无连接

网络中有两种通信方式，一种是面向连接的通信，另一种是面向无连接的通信。面向连接的通信需要等客户机与服务器的连接建立成功后，才能开始通信，就像打电话一样，需要等到电话接通后才能开始通话，假如对方不在，则通话无法进行。它是一种可靠的通信方式，比较适合大量的数据传输及即时信息交流。

面向无连接的通信并不需要建立连接，好比邮寄信件一样，将信件写好后投递到邮局即可，不管对方是否收到。这种通信方式将需要发送的数据打包成数据报，数据报包括目标地址和原地址，好比信封上的收信人和发信人，只需要将这些数据报发送出去就可以了。面向无连接的通信是一种不可靠的通信方式。

5．通信协议

Internet 通过成千上万台具有特殊功能的专用计算机（路由器或网关）把各种分散的网络在物理上连接起来。在广大用户看来，Internet 是一个覆盖全球的单一网络。从网络通信的角度来看，Internet 是一个用 TCP/IP 把各个国家或地区、各个部门、各种机构的内部网络连接起来的超级数据通信网。

TCP/IP 提供了点对点的通信机制，为了支持点对点通信系统，每一个点要有唯一的地址，类似于打电话使用的电话号码。

Internet 的核心是 TCP/IP，Internet 正是依靠 TCP/IP 实现各种网络的互联的。可以毫不夸张地说，没有 TCP/IP，就没有如今的 Internet。因此，TCP/IP 是 Internet 的基础和核心。

Internet 客户机/服务器模式是网络应用的最常用模式，当用户共享某个 Internet 资源时，通常有两个独立的程序协同提供服务。这两个程序分别运行在不同的计算机上，我们把提供资源的计算机叫作服务器，而把使用资源的计算机叫作客户机。由于 Internet 上的用户往往不知道究竟是哪台计算机提供了资源，因而客户机、服务器的区别在于其运行的程序不同，即客户程序和服务器程序。

当用户使用 Internet 功能时，先启动客户机，通过有关命令告知服务器进行连接以完成某种操作，而服务器则按照此请求提供相应的服务。

当一台主机需要传送用户的数据（data）时，数据首先通过应用层的接口进入应用层。在应用层，用户的数据被加上应用层报头（application header，AH），形成应用层协议数据单元（protocol data unit，PDU），然后被递交到下一层——表示层。表示层并不“关心”上层——应用层的数据格式，而将整个应用层递交的数据包看成一个整体（应用层数据）进行封装，即加上表示层报头（presentation header，PH），然后递交到下一层——会话层。

同样，会话层、传输层、网络层（假设用 TCP 传输，则是 TCP 数据+IP 包头）、数据链路层［把上一层的 TCP 数据+IP 包头统一称为帧数据，结构为帧头+帧数据+帧尾（CRC）］也都要分别给上层递交下来的数据加上自己的报头。它们是会话层报头（session header，SH）、传输层报头（transport header，TH）、网络层报头（network header，NH）和数据链路层报头（data link header，DH）。其中，数据链路层还要给网络层递交的数据加上数据链路层报尾（data link termination，DT）形成最终的一帧数据。

在 OSI（open system interconnection，开放式系统互联）参考模型中，对等层协议之间交换的信息单元统称为 PDU。

OSI 参考模型中的每一层都要依靠下一层提供的服务。

为了提供服务，下层把上层的 PDU 作为本层的数据封装，然后加入本层的头部（和尾部）。头部含有完成数据传输所需的控制信息。

Java 语言通过软件包 java.net 实现多种网上通信模式，如 URL 通信模式、Socket 通信模式及 Datagram 等通信模式。

10.2 使用 URL 定位资源

URL 是用来标示 Internet 上的资源的，采用 URL 可以用一种统一的格式来描述各种信息资源，包括文件、服务器的地址和目录等。

URL 一般由 3 部分组成：协议、主机域名或 IP 地址（有时也包括端口号）及主机资源的具体地址。

常用的协议有 HTTP、FTP、MAILTO、FILE 等。

一个完整的 URL 如下：

```
http://java.sun.com:80/j2se/1.3/docs/api/java/lang/String.html#trim()
```

其中，http 是协议，java.sun.com 是主机域名，80 是端口号，j2se/1.3/docs/api/java/lang/String.html 是文件名，trim()是 HTML 参考点。协议与主机名之间用"://"隔开，主机名与端口号之间用":"隔开，文件名与参考点之间用"#"隔开。实际上，一个 URL 并不需要将以上信息全部写上，一些信息可以省略，如下面的 URL：

```
http://java.sun.com/
```

事实上，以上 URL 均采用了 HTTP，将默认的 80 端口省略了，另外，没有指定文件名，服务器会将其指向默认的文件，例如，前一个 URL 实际上对应的文件为

```
http://java.sun.com/index.html
```

10.2.1 URL 类

要使用 URL 进行通信，就要使用 URL 类创建其对象，通过调用 URL 类的方法完成网络通信。创建 URL 对象要调用 java.net 包提供的 java.net.URL 类的构造方法。

1. 创建 URL 类的对象

URL 类提供用于创建 URL 对象的构造方法有以下 4 个。

1）public URL(String str)：使用 URL 的字符串来创建 URL 对象。

例如：

```
URL myurl=new URL("http://www.edu.cn")
```

2）public URL(String protocol,String host,String file)：指定了协议名 protocol、主机名 host、文件名 file，端口使用默认值。

例如：

```
URL myurl=new URL("http","www.edu.cn","index.html");
```

3）public URL(String protocol,String host,String port,String file)：与第二种构造方法相比，该构造方法多指定了端口号 port。

例如：

```
URL myurl=new URL("http","www.edu.cn",80"index.html");
```

4）public URL(URL content，String str)：给出一个相对于 content 的路径偏移量。例如：

```
URL mynewurl=new URL(myurl,"setup/local.html");
```

它所代表的 URL 地址为

```
http://www.edu.cn:80/setup/local.html
```

2．URL 类的常用方法

创建 URL 对象后，即可使用 java.net.URL 类的方法对创建的对象进行操纵，其常用方法如表 10-1 所示。

表 10-1 URL 类的常用方法

方法	说明
int getPort()	获得端口号，如果没有设置端口，则返回-1
String getProtocol()	获得协议名，如果没有设置协议，则返回 null
String getHost()	获得主机名，如果没有设置主机，则返回 null
String getFile()	获得文件名，如果没有设置文件，则返回 null
Boolean equals(Object obj)	与指定的 URL 对象 obj 进行比较，如果相同则返回 true，否则返回 false
final InputStream OpenStream()	获得一个输入流。若获取失败，则抛出一个 java.io.Exception 异常
String toString()	将此 URL 对象转换为字符串的形式

URL 类提供的最基本的网络功能是以流的形式读取 URL 上的资源，URL 类对象获取远程网上信息的方法是 openStream()，通过此方法可以获取一个绑定到该 URL 指定资源的输入流，读取该输入流即可访问整个资源的内容。

下面通过一个示例演示使用 InputStream 类的子类 DataInputStream 类对象，以字节为单位读取远程结点上的数据资源。

【例 10-1】使用 URL 类获取远程服务器端的数据。

```
package ch10;
import java.net.*;
import java.io.*;
public class UrlSite{
   public static void main(String args[]){
      if(args.length<1){
         System.out.println("没有给出 URL");
         System.exit(1);
      }
      else{
         for(int i=0;i<args.length;i++){
            urlSite(args[i]);
         }
```

```
            }
        }
        public static void urlSite(String urlname){
            String s;
            URL url=null;
            InputStream urlstream=null;
            try{
                url=new URL(urlname);
            }
            catch(Exception e){
              System.out.println("URL 名字错误");
            }
            try{
               urlstream=url.openStream();
               BufferedReader dat=new BufferedReader(new
                                  InputStreamReader(urlstream));
               while((s=dat.readLine())!=null){
                  System.out.println(s);
               }
            }
            catch(IOException e){
               System.out.println("URL 文件打开错误");
            }
        }
    }
```

在 Eclipse 的运行配置信息界面中输入百度网址（见图 10-2），为主方法提供参数，单击 Run 按钮，程序运行结果如图 10-3 所示，程序输出为百度主页源代码。

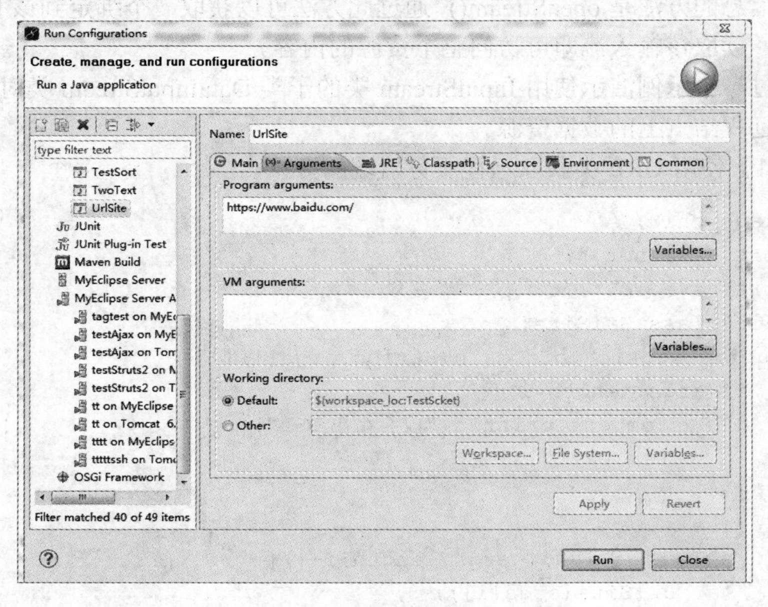

图 10-2　运行程序时的 Eclipse 配置

```
Problems @ Javadoc Declaration Console
<terminated> UrlSite [Java Application] C:\Program Files\Java\jre7\bin\javaw.exe (2017-11-25 下午05:4
<!DOCTYPE html>
<!--STATUS OK--><html> <head><meta http-equiv=content-
                </script> <a href=//www.baidu.com/more
```

图 10-3　运行程序结果

程序解析：URL 类的 openStream()方法返回值的数据类型是 InputStream 类，由于 InputStream 类为抽象类，通过其子类 DataInputStream 提供的 readLine()方法读取数据流。此程序演示了对多个异常情况的捕获。

10.2.2　URLConnection 类

使用 URL 类可以很简便地获得信息，但是如果希望在获取到信息的同时还能够向远程的计算机结点传送信息，则需要使用系统中的 URLConnect 类。

微课：URLConnection 网络访问

1. 创建 URLConnect 类的对象

创建 URLConnect 类的对象之前必须首先创建一个 URL 对象，然后调用该对象的 openConnection()方法，返回一个对应其 URL 地址的 URLConnect 对象。例如：

```
URL url=new URL("http://www.edu.cn");               //创建 URL 对象
URLConnection connect=url.openConnection();         //创建连接通道
```

2. 建立输入/输出数据流

使用 URLConnect 类不仅可以使用 getInputStream()方法获得 URL 结点的信息，而且可以采用 getOutoutSream()方法向 URL 结点处传输数据，这样在本机与 URL 结点处就形成了一个数据流通道。数据的输入和输出必须遵循 HTTP 中规定的格式，事实上，在建立 URLConnection 类的对象的同时就已经在本机和 URL 结点之上建立了一条 HTTP 通道。HTTP 是一个一次连接协议，发送信息之前要附加确认双方身份的信息。例如：

```
//建立输入通道
DataInputStream datain=new DataInputStream(connect.getInputStream());
//建立输出通道
PrintStream dataout=new PrintStream(connect.getOutputStream());
```

【例 10-2】 使用 URLConnection 类获取远程服务器端的数据。

```
package ch10;
import java.io.BufferedReader;
import java.io.InputStream;
import java.io.InputStreamReader;
import java.io.OutputStream;
```

```
import java.net.URL;
import java.net.URLConnection;
public class UrlSite{
   public static void main(String[] args){
      String urlname="file:///d:/t.txt";
      String s,x;
      URL url=null;
      URLConnection conn=null;
      OutputStream out=null;
      InputStream in=null;
      try{
         url=new URL(urlname);
         conn=url.openConnection();
         conn.setDoOutput(true);
      } catch (Exception e){
         System.out.println("URL 名字错误");
      }
      try{
         in=conn.getInputStream();
         BufferedReader dat=new BufferedReader(new InputStreamReader(in));
         while((s=dat.readLine())!=null){
            System.out.println(s);
         }
         dat.close();
      } catch(Exception e){
         System.out.println("URL 文件打开错误");
      }
   }
}
```

程序运行结果如图 10-4 所示，引文文件 t.txt 中就是《绝句》这首诗，可见程序实现了连接打开，并读入了连接所对应的内容。

图 10-4 例 10-2 程序运行结果

程序解析：本程序与前一个程序功能完全相同，本程序采用 URLConnection 类对象进行处理，通过 URLConnection 类对象在本机与远程设备之间建立起一个信息通道。

10.3 Socket 通信

Internet 上的每个结点（服务器或客户机）都有一个 IP 地址，如 202.200.207.12。网络计算机的应用程序可以通过 Socket 与其他计算机进行通信。Socket 是通信端点的一种抽象，提供了一种发送和接收数据的机制，Windows Socket 有两种形式，即数据报 Socket 和流式 Socket。这里只说明流式 Socket，后面的内容中若不加说明就是指流式 Socket，它采用 TCP 作为传输控制协议。

10.3.1 Socket 概述

1．Socket 的概念

Socket 称为“套接字”，是指在两台计算机上运行的两个程序之间的一个双向通信的连接点，而每一端称为一个 Socket。它提供一种面向连接的可靠的数据传输方式，能够保证发送的数据按顺序无重复地到达目的地。

Socket 是 TCP/IP 的编程接口，即利用 Socket 提供的一组 API 就可以编程实现 TCP/IP。在 Java 中，Socket 通信采用流式 Socket 通信方式，使用 TCP，实现客户机/服务器之间的双向通信。

2．Socket 的通信机制

Socket 所要完成的通信是基于连接的通信，建立连接所需的程序分别运行在客户端和服务器端。

1）建立连接：首先客户程序申请连接，而服务器程序监听所有端口，判断是否有客户程序的服务请求，当客户程序请求和某个端口连接时，服务器就将 Socket 连接到该端口上，此时服务器和客户程序之间建立了一个专用的虚拟连接。

2）数据通信：客户程序可以向 Socket 写入请求，服务器程序处理请求并把处理结果通过 Socket 送回。

3）拆除连接：通信结束，将所建立的虚拟连接拆除。

10.3.2 ServerSocket 类与 Socket 类

ServerSocket 类和 Socket 类分别应用于服务器端和客户端的 Socket 通信。ServerSocket 类和 Socket 类的构造方法如表 10-2 所示。

表 10-2 ServerSocket 类和 Socket 类的构造方法

构造方法	说明
ServerSocket(int port)	在指定的端口创建一个 ServerSocket 对象
ServerSocket(int port,int count)	在指定的端口创建一个 ServerSocket 对象并说明服务器所能支持的最大连接数
Socket(InetAddress address,int port)	使用指定地址和端口创建一个 Socket 对象

续表

构造方法	说明
Socket(InetAddress address,int port,boolean stream)	使用指定地址和端口创建一个 Socket 对象（若 stream 值为 true，则采用流式 Socket 通信方式）
Socket(String host,int port)	使用指定主机和端口创建一个 Socket 对象
Socket(String host,int port,boolean stream)	使用指定主机和端口创建一个 Socket 对象（若 Stream 值为 true，则采用流式 Socket 通信方式）

1. 创建 ServerSocket 对象和 Socket 对象

（1）创建 ServerSocket 对象

创建一个 ServerSocket 对象，同时在指定的计算机端口处创建一个监听服务。例如，创建一个指定端口的 ServerSocket 对象：

```
ServerSocket Listen=new ServerSocket(4321);
```

注意：这里设置了指定的监听端口 4321。一台服务器可以监听多台客户机，而不同的服务请求是根据端口号来区别的。

为了能够随时监听客户端的请求，可以调用 ServerSocket 对象的 accept()方法。

```
Socket line=Listen.accept();
```

accept()方法可以接收客户程序的连接请求，其返回值是一个 Socket 类型的对象。程序运行到这里处于等待状态。

（2）创建 Socket 对象

创建一个 Socket 对象用于与服务器建立连接，使用指定的端口号使得服务器在捕获到客户端的请求时，根据端口号来完成给定的服务。例如：

```
Socket service=new Socket("Email server",4321);
```

其中，Email server 指服务器主机的名称对应的地址，4321 指服务的端口号。

2. 发送和接收流式数据

Socket 对象创建成功后，就可以在客户机与服务器之间建立一个连接，并通过这个连接在两个端口之间传送数据。例如：

```
OutputStream translate =service.getOutputStream();      //输出流
InputStream receive =service.getInputStream();          //输入流
translate.write(receive.read());                     //将读出的数据写回
```

3. 拆除连接

在通信完成后，服务器端或客户端上运行的应用程序断开其虚拟连接，并释放所占用的系统资源。Java 采用 close()方法断开连接：客户端采用 socket.close()方法断开连接，服务器端采用 server.close()方法断开连接。

微课：Socket 编程

【例 10-3】创建服务器端 ServerSocket 对象，提供一个监听客户端的服务并使服务器端处于监听状态，当客户端提出请求时，服务器端就与客户端建立起一条数据传输通道。

（1）服务器端程序

```
package ch10;
import java.awt.BorderLayout;
import java.awt.Container;
import java.awt.event.ActionEvent;
import java.awt.event.ActionListener;
import java.awt.event.WindowAdapter;
import java.awt.event.WindowEvent;
import java.io.BufferedInputStream;
import java.io.BufferedOutputStream;
import java.io.DataInputStream;
import java.io.EOFException;
import java.io.IOException;
import java.io.PrintStream;
import java.net.ServerSocket;
import java.net.Socket;
import javax.swing.JFrame;
import javax.swing.JScrollPane;
import javax.swing.JTextArea;
import javax.swing.JTextField;
public class Server extends JFrame{
   private JTextField enter;                   //创建文本框
   private JTextArea display;                  //创建显示文本区
   PrintStream output;                         //输出流
   DataInputStream input;                      //输入流
   public Server(){
      super("Server");                         //引用父类的超类
      Container c=getContentPane();
      enter=new JTextField();                  //创建文本框对象
      enter.setEnabled(false);                 //文本框不可编辑
      enter.addActionListener(new ActionListener(){
      //为文本框加入事件监听
         public void actionPerformed(ActionEvent arg0){
            sendData(enter.getText());
            //将输入到文本框中的字符发送到客户端
         }
      });
```

```
        c.add(enter, BorderLayout.NORTH);   //定义文本框在容器中的位置
        display=new JTextArea();            //创建文本区对象
        c.add(new JScrollPane(display), BorderLayout.CENTER);
        setSize(300,150);
        show();
    }
    private void sendData(String s){        //将文本框中的字符传递给客户端
        try{
            //将文本框中的内容发送到PrintStream缓冲区中
            output.println("Server:  "+s);
            output.flush();                 //将缓冲区中的数据发送到客户端
            enter.setText("");              //设置文本框的内容为空
        } catch(Exception e){
            display.append("\nError writing object");
        }
    }
    public void connect(){
        ServerSocket server;                //服务器端的Socket接口对象
        Socket socket;                      //客户端的Socket接口对象
        int counter=1;                      //连接数
        try{
            //第一步:创建一个监听，端口是4321，最大连接数是10
            server=new ServerSocket(4321,10);
            while(true){
                //第二步：等待一个请求
                display.setText("等待客户端的请求\n");
                socket=server.accept();     //等待客户端的请求
                display.append("连接"+counter+"来自:"
                        +socket.getInetAddress().getHostName());
                //第三步：获得输入流和输出流
                output=new PrintStream(new
                        BufferedOutputStream(socket.getOutputStream()));
                output.flush();
                input=new DataInputStream(new
                        BufferedInputStream(socket.getInputStream()));
                //第四步：传递信息
                String message="Server Connection successful!";
                //将message字符串内容发送到PrintStream缓冲区中
                output.println(message);
                output.flush(); //将缓冲区中的数据发送到客户端
                enter.setEnabled(true);
                do{
```

```
                try{
                    message=(String) input.readLine();
                    /*
                     * 读取InputStream缓冲区中的内容，也就是服务器端输入流的内
                       容，也就是客户端PrintStream缓冲区中的内容，这样就获得了客
                       户端传递的信息
                     */
                    display.append("\n"+message);
                    //在文本区显示客户端传递的信息
                }catch(IOException e){
                    display.append("Data Error");
                }
            } while(!message.equals("Client: end"));
            //第五步：关闭连接
            display.append("\n关闭连接");
            enter.setEnabled(false);
            output.close();
            input.close();
            socket.close();          //关闭当前客户端请求，继续监听其他客户端
            ++counter;
          }
      }catch(EOFException eof){
        System.out.println("Client terminated connection");
      }catch(IOException e){
        e.printStackTrace();
      }
  }
  public static void main(String[] args){
    Server app=new Server();
    app.addWindowListener(new WindowAdapter(){
      public void windowClosing(WindowEvent e){
        System.exit(0);
      }
    });
    app.connect();
  }
}
```

程序解析：此程序可以与多个客户端进行连接，当某个客户端输入“end”字符串时，服务器端关闭与当前客户端之间的连接，继续监听其他客户端的请求。

（2）客户端程序

创建客户端Socket对象，客户端通过给定的IP地址和端口向服务器端发出请求，服务器端监听到客户端的请求后，就会在客户端与服务器端之间建立连接，这样就可以

通过 Socket 建立起一条虚拟通路，在服务器与客户机之间传递数据和信息。

```
package ch10;
import java.awt.BorderLayout;
import java.awt.Container;
import java.awt.event.ActionEvent;
import java.awt.event.ActionListener;
import java.awt.event.WindowAdapter;
import java.awt.event.WindowEvent;
import java.io.BufferedInputStream;
import java.io.BufferedOutputStream;
import java.io.DataInputStream;
import java.io.EOFException;
import java.io.IOException;
import java.io.PrintStream;
import java.net.InetAddress;
import java.net.Socket;
import javax.swing.JFrame;
import javax.swing.JScrollPane;
import javax.swing.JTextArea;
import javax.swing.JTextField;
public class Client extends JFrame{
   private JTextField enter;                    //创建文本框
   private JTextArea display;                   //创建显示文本区
   PrintStream output;                          //输出流
   DataInputStream input;                       //输入流
   String message="";
   public Client(){
      super("Client");
      Container c=getContentPane();
      enter=new JTextField();                   //创建文本框对象
      enter.setEnabled(false);
      enter.addActionListener(new ActionListener(){ //对文本区添加监听
         public void actionPerformed(ActionEvent e){
            sendData(enter.getText());
         }                                      //提取文本框中的内容
      });
      c.add(enter, BorderLayout.NORTH);         //将文本区添加到容器的上方
      display=new JTextArea();                  //创建显示文本区
      c.add(new JScrollPane(display),BorderLayout.CENTER);
      //添加带有滚动条的文本域到容器的中央
      setSize(300,150);
      show();
```

```
    }
    public void connect(){
        Socket socket;                              //创建客户端的Socket对象
        try {
            //第一步:与服务器端创建连接，地址是127.0.0.1，端口为4321
            display.setText("准备连接…\n");
            socket=new Socket(InetAddress.getByName(""),4321);
            //获得主机名
            display.append("连接到:"+socket.getInetAddress().getHostName());
            //获得主机IP地址
            display.append("\n主机IP为:"+socket.getInetAddress().toString());
            //第二步:获得输出/输入流
            output=new PrintStream(new
                     BufferedOutputStream(socket.getOutputStream()));
            output.flush();
            input=new DataInputStream(new
                       BufferedInputStream(socket.getInputStream()));
            //第三步:实现连接，读入服务器的信息
            enter.setEnabled(true);
            do{
                try{
                    message=(String) input.readLine();
                    //读入输入流的内容，也就是服务器端PrintStream缓冲区中传递的信息
                    display.append("\n"+message); //将读入的内容添加到文本区中
                }catch(IOException e){
                    display.append("\n无法获得信息");
                }
            //当服务器端输入"end"时，通信结束
            }while(!message.equals("Server:  end"));
            //第四步:关闭连接
            display.append("\n关闭连接");
            output.close();
            input.close();
            socket.close();
        }catch(EOFException eof){
            System.out.println("服务器中断连接");
        }catch(IOException e){
            e.printStackTrace();
        }
    }
    private void sendData(String s){ //此子程序的功能是向服务器端传递信息
        try{
```

```
            message=s;
            output.println("Client:  "+s);
            //将文本框中的内容发送 PrintStream 缓冲区中
            output.flush();
            enter.setText("");
          } catch(Exception e){
            display.append("\n 数据传输错误！");
          }
        }
      public static void main(String[] args){
        Client app=new Client();
        app.addWindowListener(new WindowAdapter(){
          public void windowClosing(WindowEvent e){
            System.exit(0);
          }
        });
        app.connect();
      }
    }
```

首先运行服务器端程序，使服务器处于监听状态，运行结果如图 10-5 所示。

图 10-5　服务器端启动运行结果

服务器端启动以后，再次运行客户端程序，运行结果如图 10-6 所示。

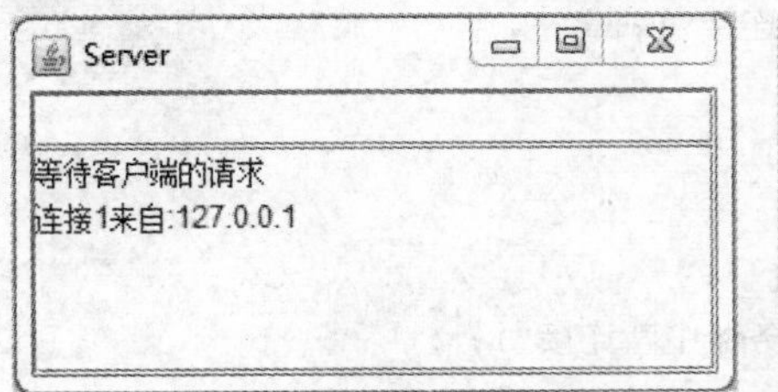

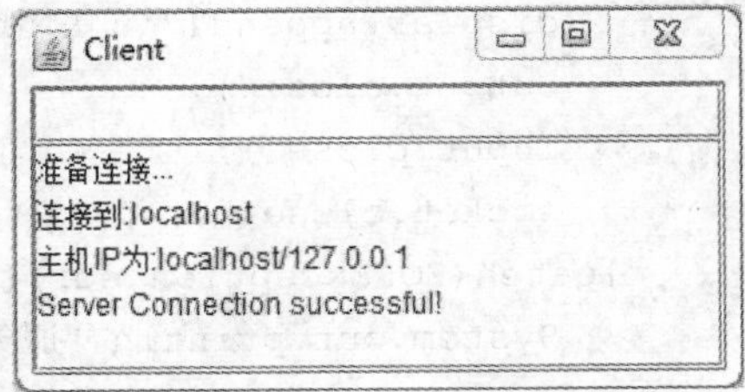

图 10-6　客户端启动运行结果

接下来，服务器端和客户端即可进行通信，在界面上的文本框中输入要发送给对方的信息，然后按 Enter 键，信息即可发送到对方，如图 10-7 所示。

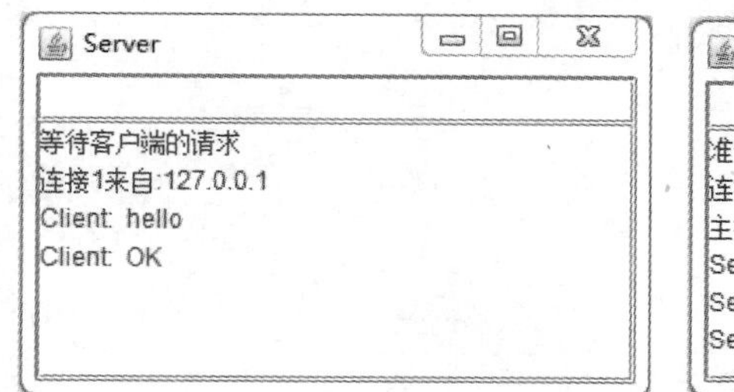

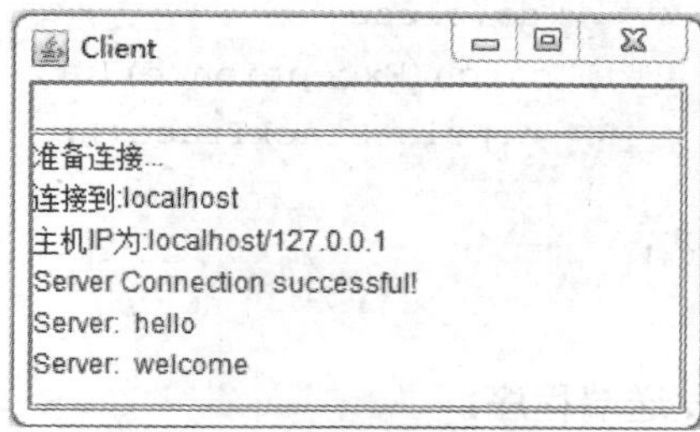

图 10-7 客户端和服务器通信后运行结果

程序解析：程序中使用了 InetAddress 类，它在 Java 网络编程中用来对计算机网络的不同结点进行判断和区别。本例中利用 InetAddress 类中的 getHostName()方法找到以 127.0.0.1 为 IP 地址所对应的该主机名并显示出来，利用 toString()方法得到主机的 IP 地址。

10.4 数据报通信

这里只是介绍一下 UDP 通信的概念。前面讲解的 URL 与 Socket 通信都是面向连接的流式 Socket 通信，采用 TCP，而 UDP 通信是一种面向无连接的数据报通信，采用数据报通信协议（user datagram protocol，UDP）。按照这个协议，两个系统在进行通信时不需要建立连接，优点是发送数据的速度很快，而缺点是数据较易丢失。例如，红外线数据传输就采用了 UDP。

使用 UDP 时调用的 JDK 接口是 DatagramSocket 数据报 Socket。下面通过一个简单的示例对数据报通信加以说明。

【例 10-4】创建接收端 Receiver 类，创建一个发送端 Sender 类，发送端依据 IP 和端口打包数据后即发送，接收端接收到发送端数据后，打包数据回传。

1）接收端程序：

```
package ch10;
import java.net.DatagramPacket;
import java.net.DatagramSocket;
public class Receiver{
   public static void main(String[] args){
      try{
         DatagramSocket ds=new DatagramSocket(6000);
         byte[] b=new byte[100];
         DatagramPacket dp=new DatagramPacket(b,100);
         ds.receive(dp);
         System.out.print(new String(b,0,dp.getLength()));
         DatagramPacket rs=new DatagramPacket("你好啊".getBytes(),"你
             好啊".getBytes().length,dp.getAddress(),dp.getPort());
         ds.send(rs);
```

```
            ds.close();
        } catch(Exception e){
            e.printStackTrace();
        }
    }
}
```

2）发送端程序：

```
package receiver;
import java.net.DatagramPacket;
import java.net.DatagramSocket;
import java.net.InetAddress;
public class Sender{
    public static void main(String[] args){
        try{
            DatagramSocket ds=new DatagramSocket();
            String s="hello this is zhangsan";
            DatagramPacket dp=new DatagramPacket(s.getBytes(), s.length(),
                                InetAddress.getByName("localHost"),6000);
            ds.send(dp);
            byte[] b=new byte[1000];
            DatagramPacket sdp=new DatagramPacket(b,1000);
            ds.receive(sdp);
            System.out.print(new String(b,0,sdp.getLength()));
            ds.close();
        } catch (Exception e){
            e.printStackTrace();
        }
    }
}
```

3）运行结果。

接收端运行结果如图 10-8 所示。

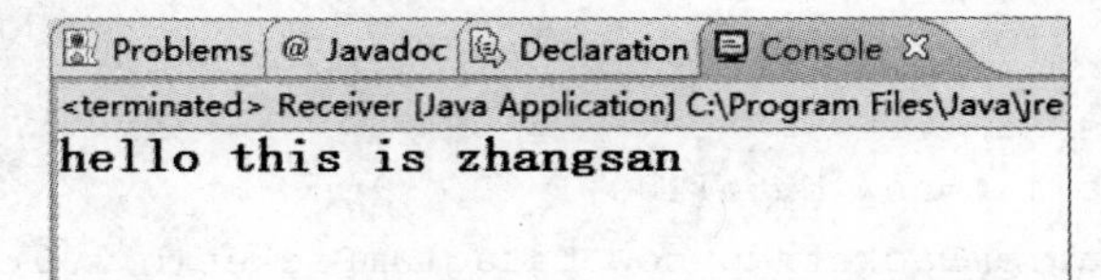

图 10-8　接收端运行结果

发送端运行结果如图 10-9 所示。

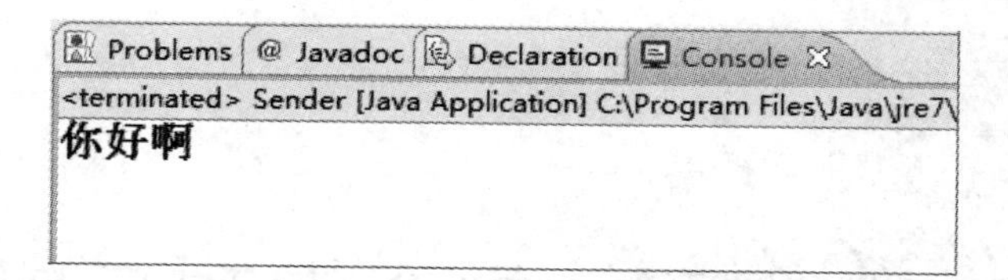

图 10-9 发送端运行结果

由例 10-4 可知，数据报通信没有连接的过程，数据发送出去后，数据转发的路径由数据报中的通信地址决定。数据通信没有连接过程会节省通信资源，但是也可能导致数据丢失事件的发生，不过随着网络环境的不断升级，这种情况发生的概率会越来越小，因此基于 UDP 的通信反而有广阔的使用前景。

本 章 小 结

本章介绍了有关网络的基础知识，如 IP 地址、通信端口和通信协议等概念；简要介绍了怎样使用 URL 定位资源，包括 URL 类和 URLConnection 类；着重介绍了与 TCP 相关的 Socket 类，以及与 UDP 相关的 DatagramSocket、DatagramPacket 类。通过对本章的学习，读者应能够了解网络编程相关的知识，熟练掌握 TCP 网络程序的编写。

习题 10

简答题

1．什么是 TCP/IP？它有什么特点？

2．一个完整的 URL 地址由哪几部分组成？

3．说明并尝试通过 URL 连接从服务器上读取一个文本文件，并显示该文本文件的内容。

4．简述 Socket 通信机制，说明客户端如何与服务器进行连接。

5．简述 URL 与 Socket 通信的区别。

习题 10 参考答案

第 11 章 集合类和反射基础

学习指南

当编程中遇到数据群需要处理的时候，自然会想到 Java 中的集合类。Java 的集合类就像一个功能强大的容器，不仅可以存储大量 Java 的各种类型数据，而且可以便捷地对数据进行基本管理。本章将针对 Java 中的集合类进行详细的讲解。

难点重点

- 常用的集合类。
- Iterator 迭代器的使用方法。
- foreach 循环。
- 泛型。
- Collections、Arrays 工具类。
- 反射的基本用途。

11.1 集合概述

当编程中遇到数据群需要存储、处理时，可以使用数组来解决，但是数组有许多不足之处，例如，存储空间的扩展问题，数据存取时需要通过循环来进行编程处理，比较麻烦等。因此，Java 类库提供了一个集合类群，方便编程人员进行数据群的管理。这些类可以存储任意类型的对象，并且长度可变，统称为集合。这些类都位于 java.util 包中，在使用这些类时一定要导入该包。

集合类群按照其存储结构不同分为两大类，即单列集合 Collection 和双列集合 Map。Collection 是单列集合类的根接口，用于存储一系列元素。它有两个子接口，分别是 List 和 Set。其中，List 的特点是元素有序、可重复。Set 的特点是元素无序且不可重复。List 接口的主要实现类有 ArrayList 和 LinkedList，Set 接口的主要实现类有 HashSet 和 TreeSet。Map 是双列集合类的根接口，用于存储的每一个元素都包含一对键值，在使用 Map 集合时可以通过指定的 Key 找到对应的 Value，Map 接口的主要实现类有 HashMap 和 TreeMap。从上面的描述可以看出，JDK 提供了丰富的集合类库。为了便于初学者进行系统的学习，通过一张图来描述整个集合类的继承体系，如图 11-1 所示。

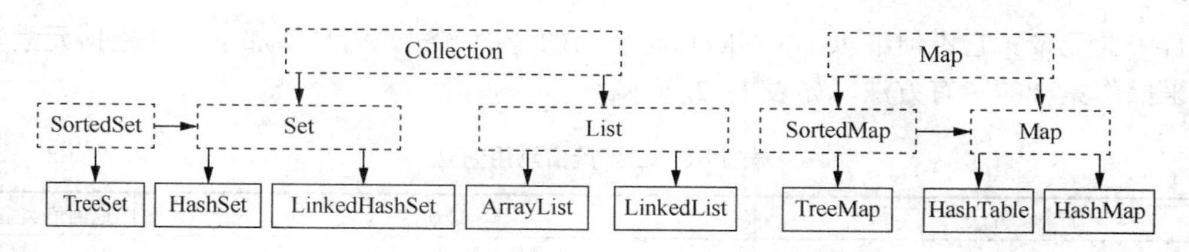

图 11-1 集合类继承体系

图 11-1 中列出了程序中常用的一些集合类，其中，虚线框中的都是接口类型，实线框中的都是具体的实现类。本章将针对图 11-1 中所列举的集合类逐一进行讲解。

11.2 Collection 接口

在 Java 中，所有类的鼻祖是 Object 类，所有单列集合类的鼻祖是 Collection 接口，Collection 接口中定义了单列集合用的一些方法，这些方法可用于操作所有的单列集合，如表 11-1 所示。

表 11-1 Collection 接口的方法

方法	描述	返回值类型
add(E e)	确保此 Collection 包含指定的元素（可选操作）	boolean
addAll(Collection<?extends E> c)	将 Collection 的所有元素都添加到 Collection 中	boolean
clear()	移除此 Collection 的所有元素	void
contains(Object o)	如果此 Collection 包含指定的元素，则返回 true	boolean
containsAll(Collection<?> c)	判断 Collection 是否包含 Collection 中所有元素，包含则返回 true	boolean
equals(Object o)	比较此 Collection 与指定对象是否相等	boolean
hashCode()	返回此 Collection 的哈希码值	int
isEmpty()	如果此 Collection 不包含元素，则返回 true	boolean
iterator()	返回在此 Collection 的元素上进行迭代的迭代器	Iterator<E>
remove(Object o)	从此 Collection 移除指定元素的单个实例（如果存在）	boolean
removeAll(Collection<?> c)	移除此 Collection 中也包含在指定 Collection 中的所有元素	boolean
retainAll(Collection<?> c)	仅保留此 Collection 中的那些也包含在指定 Collection 中的元素	boolean
size()	返回此 Collection 的元素数	int
toArray()	返回包含此 Collection 所有元素的数组	Object[]

11.3 List 接口

11.3.1 List 接口简介

List 接口继承于 Collection 接口，是单列集合类的一个分支，它实现了长度可变的数组，并允许重复项出现。该接口不但能够对列表的一部分进行处理，而且添加了面向位置的操作。集合中的所有元素以线性方式存储，在程序中可以通过下标索引来操作集合中的元素。它不但继承了 Collection 接口的全部方法，而且增加了一些根据元素索引来操作集合的特有方法，如表 11-2 所示。

表 11-2 List 接口常用方法

方法	描述	返回值类型
add(E e)	向列表的尾部添加指定的元素	boolean
add(int index,E element)	在列表的指定位置插入指定元素	void
addAll(Collection<? extends E> c)	添加指定 Collection 中的所有元素到此列表的结尾，顺序是指定 Collection 的迭代器返回这些元素的顺序	boolean
addAll(int index,Collection<? extends E> c)	将指定 Collection 中的所有元素都插入列表的指定位置	boolean
clear()	从列表中移除所有元素（可选操作）	void
contains(Object o)	如果列表包含指定的元素，则返回 true	boolean
containsAll(Collection<?> c)	如果列表包含指定 Collection 的所有元素，则返回 true	boolean
equals(Object o)	比较指定的对象与列表是否相等	boolean
get(int index)	返回列表指定位置的元素	E
hashCode()	返回列表的哈希码值	int
indexOf(Object o)	返回此列表第一次出现的指定元素的索引；如果此列表不包含该元素，则返回-1	int
isEmpty()	如果列表不包含元素，则返回 true	boolean
iterator()	返回按适当顺序在列表的元素上进行迭代的迭代器	Iterator<E>
lastIndexOf(Object o)	返回此列表最后出现的指定元素的索引；如果列表不包含此元素，则返回-1	int
remove(int index)	移除列表指定位置的元素（可选操作）	E
remove(Object o)	从此列表移除第一次出现的指定元素（如果存在）（可选操作）	boolean
removeAll(Collection<?> c)	从列表移除指定 Collection 中包含的所有元素（可选操作）	boolean
retainAll(Collection<?> c)	仅在列表保留指定 Collection 中所包含的元素（可选操作）	boolean
set(int index,E element)	用指定元素替换列表指定位置的元素（可选操作）	E
size()	返回列表的元素数	int
toArray()	返回按适当顺序包含列表的所有元素的数组（从第一个元素到最后一个元素）	Object[]
toArray(T[] a)	返回按适当顺序（从第一个元素到最后一个元素）包含列表所有元素的数组；返回数组的运行时类型是指定数组的运行时类型	<T> T[]

11.3.2 ArrayList 集合

ArrayList 是 List 接口的一个重要的实现类，是在后期的软件开发过程中使用频率非常高的一种单列集合类。ArrayList 类中封装有一个可变长度的数组对象。当存入的元素超过数组长度时，ArrayList 会自动在内存中为其开辟一个更大的数组空间来进行存储，因此一般可以将 ArrayList 集合视作一个长度可变的数组。ArrayList 集合中的大部分方法源于对父接口 Collection 和 List 的继承。下面通过一个示例来学习 ArrayList 集合如何实现元素的存取。

【例 11-1】ArrayList 基本使用方法。

```
package ch11;
import java.util.ArrayList;
public class TestList{
   public static void main(String[] args){
      ArrayList<String> al=new ArrayList<String>();
      al.add("aa");
      al.add("bb");
      al.add("cc");
      al.add("dd");
      for(int i=0;i<al.size();i++)
         System.out.println(al.get(i));
   }
}
```

程序运行结果如图 11-2 所示。

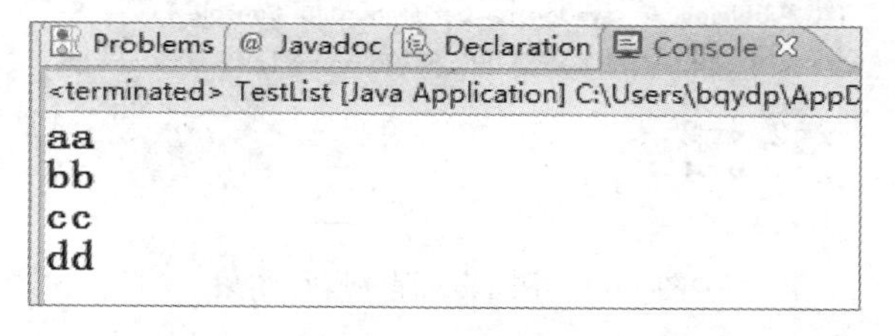

图 11-2　例 11-1 程序运行结果

例 11-1 通过调用 add(Object o)方法向 ArrayList 集合中添加了 4 个字符串元素，然后通过 for 循环将元素依次输出。在循环语句中，调用 size()方法获取集合中元素的个数，调用 get(int index)方法取出指定索引位置的元素。从运行结果可以看出，集合中索引的取值范围是从 0 开始的，最后一个索引是 size-1，在访问元素时一定要注意索引不可越界，否则会抛出异常 IndexOutOfBoundsException。

在集合 ArrayList 的定义语句中，我们使用了泛型的符号<>，该符号的作用是指明集合中的元素类型。关于泛型更详细的内容，将在后面的章节中进行讲解，这里只需要记住其使用方式及作用即可。ArrayList 集合不仅可以存储系统已有数据类型，而且可以存储自定义数据类型。例 11-2 中有自定义类 Point，将若干 Point 对象放入集合 ArrayList 中。

【例 11-2】带有泛型信息的 ArrayList 集合的使用方法。

```
package ch11;
import java.util.ArrayList;
public class TestList{
   public static void main(String[] args){
      ArrayList<Object> al=new ArrayList<Object>();
      al.add(new Point(3,3));
      al.add(new Point(2,2));
```

```
        al.add(new Point(4,4));
        for(int i=0;i<al.size();i++)
            System.out.println(al.get(i));
    }
}
class Point{
    int x,y;
    Point(int x,int y){
        this.x=x;
        this.y=y;
    }
    public String toString(){
        return "x="+x+","+"y="+y;
    }
}
```

程序运行结果如图 11-3 所示。

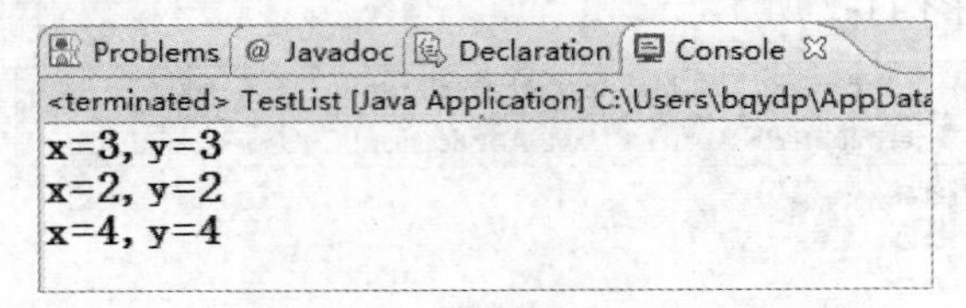

图 11-3 例 11-2 程序运行结果

11.3.3 LinkedList 集合

前面讲到的 ArrayList 集合本质上是采用数组方式存储数据的，当增删数据元素时，要对数组元素进行移动等相关操作，所以索引数据较快，但是增删数据则较慢。LinkedList 集合使用双向链表实现存储，按序号索引数据需要进行向前或向后遍历，但是增删数据时只需要记录本项的前后项即可，所以速度较快。因此，LinkedList 集合对于元素的增删操作具有比较高的效率。LinkedList 集合中元素的前后关系如图 11-4 所示。

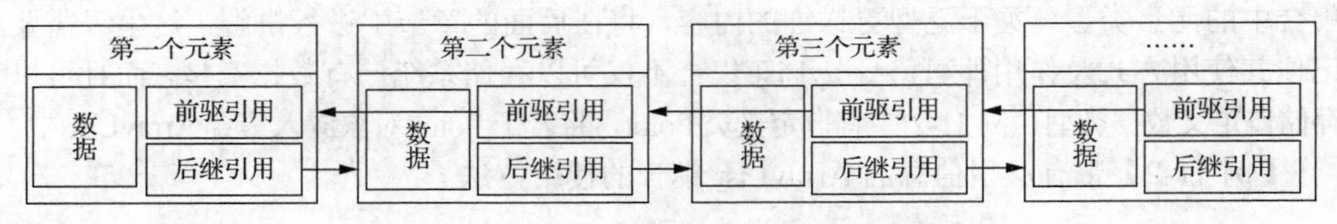

图 11-4 LinkedList 集合中元素的前后关系

LinkedList 集合除了具备增删元素效率高的特点外，还专门针对元素的增删操作定义了一些特有的方法，如表 11-3 所示。

表 11-3　LinkedList 中定义的方法

方法	描述	返回值类型
addFirst(E e)	将指定元素插入此列表的开头	void
addLast(E e)	将指定元素添加到此列表的结尾	void
getFirst()	返回此列表的第一个元素	E
getLast()	返回此列表的最后一个元素	E
peekFirst()	获取但不移除此列表的第一个元素；如果此列表为空，则返回 null	E
peekLast()	获取但不移除此列表的最后一个元素；如果此列表为空，则返回 null	E
poll()	获取并移除此列表的头（第一个元素）	E
pollFirst()	获取并移除此列表的第一个元素；如果此列表为空，则返回 null	E
pollLast()	获取并移除此列表的最后一个元素；如果此列表为空，则返回 null	E
removeFirst()	移除并返回此列表的第一个元素	E
removeLast()	移除并返回此列表的最后一个元素	E

表 11-3 列出的方法主要针对集合中的元素进行增加、删除和获取操作，接下来通过例 11-3 来学习这些方法的使用。

【例 11-3】LinkedList 集合基本使用方法。

```
package ch11;
import java.util.LinkedList;
public class TestList{
    public static void main(String[] args){
        LinkedList<String> list=new LinkedList<String>();
        list.add("Tom");
        list.add("John");
        list.add("Smith");
        System.out.println(list.toString());
        list.addFirst("Jack");
        System.out.println(list.toString());
        list.remove("Smith");
        System.out.println(list.toString());
        list.removeFirst();
        System.out.println(list.toString());
    }
}
```

程序运行结果如图 11-5 所示。

在例 11-3 中，首先在 LinkList 集合中存入 3 个字符串元素，然后通过 addFirst(Object o)方法在集合的第一个位置（索引 0 位置）插入元素，最后使用 removeFirst()方法将集合的第一个元素移除，这样就完成了元素的增删操作。由此可见，使用 LinkedList 集合对元素进行增删操作是非常便捷的。

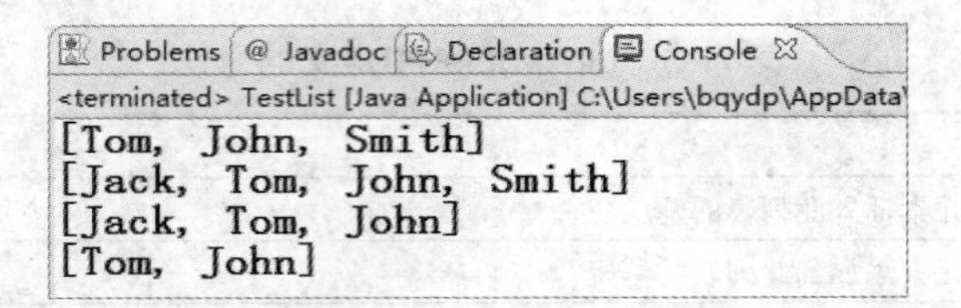

图 11-5　例 11-3 程序运行结果

11.3.4　Iterator 接口

Collection 接口是用于容纳元素的容器，而 Iterator 接口是用于遍历集合中每一个元素的接口。Iterator 接口的方法比较简单，也比较少，只有 3 个，但这 3 个方法都是比较重要的：

```
boolean hasNext();
Object next();
void remove();
```

根据方法的名称，可以猜测出这 3 个方法的含义与作用。当调用 Collection 接口中的 iterator()方法时，会得到 Iterator 接口的实例，这时集合将返回集合所有的元素，因此 Iterator 主要用于迭代访问（即遍历）Collection 中的元素，所以 Iterator 对象也称为迭代器。

接下来通过一个示例来学习如何使用 Iterator 迭代集合中的元素。

【例 11-4】ArrayList 集合的迭代访问。

```
package ch11;
import java.util.ArrayList;
import java.util.Iterator;
public class TestList{
   public static void main(String[] args){
      ArrayList<Point> al=new ArrayList<Point>();
      al.add(new Point(2,2));
      al.add(new Point(3,3));
      al.add(new Point(4,4));
      Iterator it=al.iterator();
      while(it.hasNext()){
         System.out.println(it.next());
      }
   }
}
```

程序运行结果如图 11-6 所示。

```
<terminated> TestList [Java Application] C:\Users\bqydp\Ap
x=2, y=2
x=3, y=3
x=4, y=4
```

图 11-6　例 11-4 程序运行结果

例 11-4 演示了使用 Iterator 迭代器遍历集合的过程。在程序中，首先调用 ArrayList 集合的 iterator()方法获得迭代器对象，该对象实际是一个指向元素前驱的一个空结点的指针；然后使用 hasNext()方法判断集合中是否存在下一个元素，如果存在，则调用 next()方法将元素取出，否则说明已到达了集合末尾，停止遍历元素。

11.3.5　foreach 循环

Iterator 可以用来遍历集合中的元素，但写法烦琐。foreach 循环是 JDK 5.0 的新特征之一，在遍历数组、集合方面为开发人员提供了极大的方便。foreach 语句是 for 语句的特殊简化版本，但是 foreach 语句并不能完全取代 for 语句，然而，任何的 foreach 语句都可以改写为 for 语句。

foreach 并不是一个关键字，从英文字面意思理解，foreach 就是“for 每一个”的意思。

foreach 语句语法格式如下：

```
for(元素类型 t 元素变量 x:遍历对象 obj){
  引用了 x 的 Java 语句;
}
```

从语法格式可以看出，与普通 for 循环相比，foreach 循环不需要获取容器的长度，也不需要根据索引访问容器中的元素，因此也不会因为下标值的大小问题产生越界异常，它会自动遍历容器中的每个元素。接下来通过一个示例对 foreach 循环进行详细讲解。

【例 11-5】用 foreach 循环实现对集合的访问。

```
package ch11;
import java.util.ArrayList;
import java.util.Iterator;
public class TestList{
  public static void main(String[] args){
    ArrayList<Point> al=new ArrayList<Point>();
    al.add(new Point(2,2));
    al.add(new Point(3,3));
    al.add(new Point(4,4));
    for(Point point:al){
      System.out.println(point);
    }
```

```
        }
    }
```

程序运行结果如图 11-7 所示。

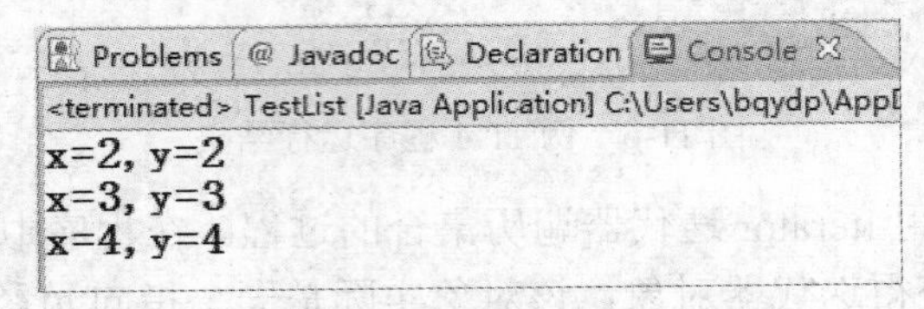

图 11-7 例 11-5 程序运行结果

通过例 11-5 可以看出，foreach 循环在遍历集合时语法简洁，没有循环条件，也没有迭代语句，所有这些工作都交给虚拟机去执行。foreach 循环的次数是由容器中元素的个数决定的，每次循环时，通过变量将当前循环的元素记住，从而将集合中的元素分别输出。

但是 foreach 循环也有其局限性的一面。当使用 foreach 循环遍历集合或数组的时候，只能访问集合中的元素，却不能对其进行修改。接下来以一个 String 类型的数组为例来进行演示。

【例 11-6】foreach 循环和基本 for 循环的使用区别。

```
package ch11;
import java.util.ArrayList;
public class TestList{
    public static void main(String[] args){
        String[] names={"Tom","John","Smith"};
        System.out.println("for 循环修改");
        for(int i=0;i<names.length;i++){
            String s=names[i];
            if(s.equals("John")){
                names[i]="Jack";
            }
        }
        for(String s:names){
            System.out.println(s);
        }
        System.out.println("foreach 循环修改");
        for(String s:names){
            if(s.equals("Tom")){
                s="Mike";
            }
        }
        for(String s:names){
            System.out.println(s);
```

```
            }
        }
    }
```

程序运行结果如图 11-8 所示。

```
Problems  @ Javadoc  Declaration  Console
<terminated> TestList [Java Application] C:\Users\bqydp\AppData\Local\Gen
for循环修改
Tom
Jack
Smith
foreach循环修改
Tom
Jack
Smith
```

图 11-8 例 11-6 程序运行结果

在例 11-6 中，分别使用 foreach 循环和普通 for 循环去修改数组中的元素。从运行结果可以看出，foreach 循环并不能修改数组中元素的值。其原因是代码中的 s="Mike";，只是将临时变量 s 指向了一个新的字符串，这和数组中的元素没有一点关系。而在普通 for 循环中，可以通过索引的方式来引用数组中的元素并对其值进行修改。

11.3.6 Enumeration 接口

前面讲到在遍历集合的时候，使用的接口是 Iterator 接口，但 JDK 1.2 以前的版本是没有 Iterator 接口的，当时遍历集合使用的是 Enumeration 接口。该接口用法和 Iterator 类似，由于很多程序中还在使用 Enumeration，因此了解该接口的用法是有必要的。JDK 提供了一个 Vector 集合，该集合是 List 接口的一个实现类，用法与 ArrayList 相同，区别在于 Vector 集合是线程安全的，而 ArrayList 集合是线程不安全的。Vector 类中有一个 elements()方法，该方法会返回一个 Enumeration 对象，通过这个对象可以遍历该集合中的元素。接下来通过一个示例来演示如何使用 Enumeration 对象遍历 Vector 集合。

【例 11-7】用 Enumeration 接口实现集合的迭代。

```
package ch11;
import java.util.Enumeration;
import java.util.Vector;
public class TestList{
   public static void main(String[] args){
      Vector<Point> al=new Vector<Point>();
      al.add(new Point(2,2));
      al.add(new Point(3,3));
      al.add(new Point(4,4));
      Enumeration enu=al.elements();
      while(enu.hasMoreElements()){
         Point s=(Point) enu.nextElement();
```

```
            System.out.println(s);
        }
    }
}
```

程序运行结果如图 11-9 所示。

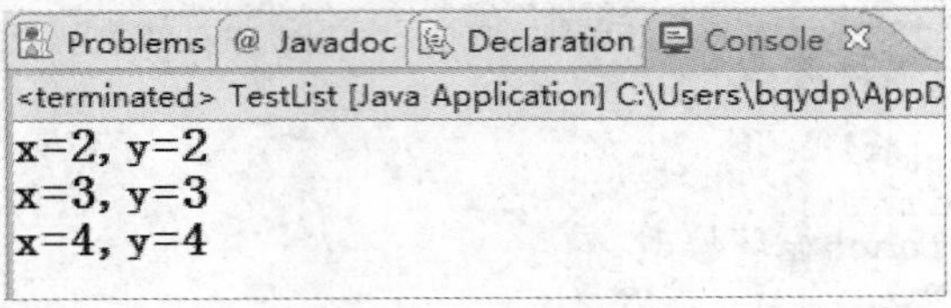

Problems @ Javadoc Declaration Console

<terminated> TestList [Java Application] C:\Users\bqydp\AppD

x=2, y=2
x=3, y=3
x=4, y=4

图 11-9　例 11-7 程序运行结果

在例 11-7 中，首先创建了一个 Vector 集合并通过调用 add()方法向集合添加 3 个元素，然后调用 elements()方法返回一个 Enumeration 对象。本例中的第 11～13 行代码使用一个 while 循环对集合中的元素进行迭代，其过程与 Iterator 迭代的过程类似，通过 hasMoreElements()方法循环判断是否存在下一个元素，如果存在，则通过 nextElement()方法逐一取出每个元素。

11.4　Set 接口

11.4.1　Set 接口简介

由图 11-1 可知，除了 List 接口，Set 接口同样继承自 Collection 接口，它与 Collection 接口中的方法基本一致，并没有进行功能上的扩充。但是与 List 接口不同的是，Set 接口中的元素是无序的，并且会以特定规则保证存入的元素不重复出现。

Set 接口有两个主要实现类，即 HashSet 和 TreeSet。其中，HashSet 类是根据对象的哈希值来确定元素在集合中的存储位置的，因此该类具有良好的存取性能。TreeSet 类则不同于 HashSet 类，它是以二叉树的方式来存储元素的。在以后的编程中，集合类 HashSet 的使用频率较高，因此接下来对这个集合的详细用法进行讲解。

11.4.2　HashSet 集合

作为 Set 接口的一个实现类，HashSet 存储的元素具有不可重复的特点，并且元素是无序的。当向 HashSet 集合中添加一个对象时，它首先会调用添加对象的 hashCode()方法来确定它的存储位置，然后调用该对象的 equals()方法确保该位置没有其他元素。Set 集合与 List 集合存取元素的方式基本类似，在此不再进行详细讲解，接下来通过一个示例演示 HashSet 的用法。

【例 11-8】HashSet 集合的基本使用方法。

```
package ch11;
import java.util.HashSet;
```

```
import java.util.Iterator;
public class TestList{
   public static void main(String[] args){
      HashSet<String> hs=new HashSet<String>();
      hs.add("one");
      hs.add("two");
      hs.add("three");
      hs.add("one");
      Iterator it=hs.iterator();
      while(it.hasNext()){
         System.out.println(it.next());
      }
   }
}
```

程序运行结果如图 11-10 所示。

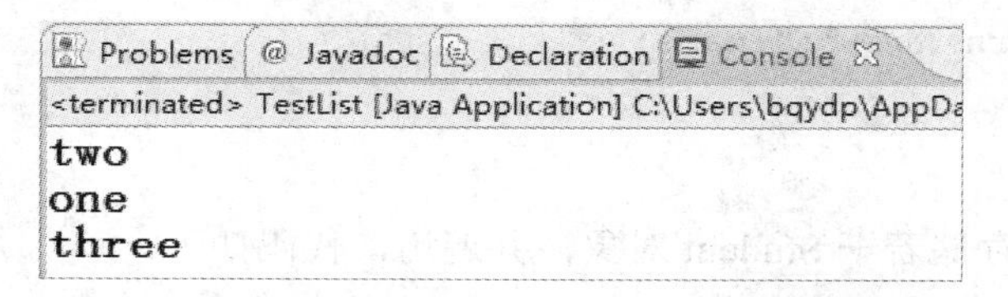

图 11-10 例 11-8 程序运行结果

在例 11-8 中，首先通过 HashSet 的 add()方法向集合中添加了 4 个字符串，接下来通过 Iterator 迭代器遍历集合，并输出。从输出结果可以看出，取出元素的顺序与添加元素的顺序并不一致，并且重复存入的字符串"one"没有出现两次，因为它被自动去除了。

HashSet 集合之所以能不出现重复元素，是由该集合的基本原理决定的，当 HashSet 集合的 add()被调用时，首先会调用预存入对象的 hashCode()方法获得对象的哈希值，然后根据该值计算出一个存储位置。如果这个位置上没有其他元素，则直接存入；如果该位置上存在其他元素，则会调用 equals()方法让预存入的元素依次和该位置上的已有元素进行比较，如果返回的结果为 false，则将该元素存入集合，反之则说明有重复元素添加，就将该预存入元素舍弃。

根据以上分析得出结论，如果要向集合中存入元素，为了保证 HashSet 集合正常工作，要求在存入对象时必须重写该对象所属类中的 hashCode()方法和 equals()方法。在例 11-8 中，当将字符串存入 HashSet 时，因为 String 类已经重写了 hashCode()方法和 equals()方法，所以集合正常运作。但是如果将自定义对象存入 HashSet 集合，结果如何？请看以下示例。

【例 11-9】验证 HashSet 集合的特点，即不可以添加重复元素。

```
package ch11;
```

```
public class Student{
   int num;
   String name;
   Student(int num,String name){
      this.num=num;
      this.name=name;
   }
   public int hashCode(){
      return name.hashCode();
   }
   public boolean equals(Object o){
      Student s=(Student) o;
      return num==s.num && name.equals(s.name);
   }
   public String toString(){
      return num+":"+name;
   }
}
```

使用 HashSet 存储若干 Student 对象，并遍历，代码如下：

```
package ch11;
import java.util.HashSet;
import java.util.Iterator;
public class TestList{
   public static void main(String[] args){
      HashSet<Student> hs=new HashSet<Student>();
      hs.add(new Student(1,"Tom"));
      hs.add(new Student(2,"Jack"));
      hs.add(new Student(3,"Smith"));
      hs.add(new Student(1,"Tom"));
      Iterator it=hs.iterator();
      while(it.hasNext()){
         System.out.println(it.next());
      }
   }
}
```

程序运行结果如图 11-11 所示。

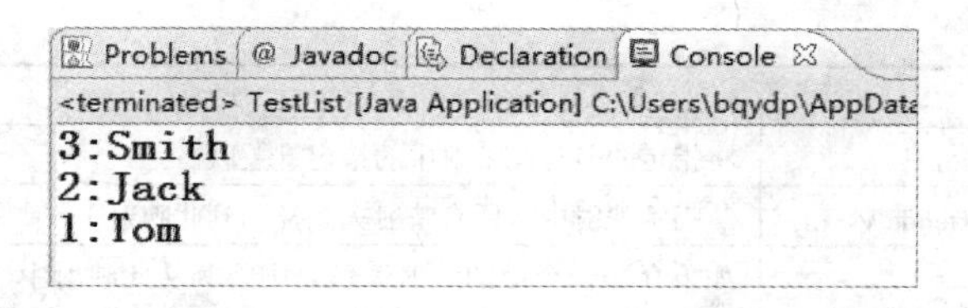

图 11-11　例 11-9 程序运行结果

在例 11-9 中，Student 类重写了 Object 类的 hashCode()方法和 equals()方法。在 equals()方法中比较对象的名称字段 name 和序号字段 num 是否相等，并返回结果，在 hashCode()方法中返回名称 name 的哈希值。

在向 HashSet 集合存入 3 个 Student 对象后，将这 3 个对象迭代输出。在图 11-11 所示的运行结果中，Tom 对象只有一个，因为两次添加 Tom 对象，根据 equals()方法的定义，这样的信息被视为重复元素，不允许同时出现在 HashSet 集合中。在输出的结果中，元素的输出顺序也不是添加时的先后顺序，结果是根据对象的 name 字段得出的 hashCode 值进行排序的。

11.5　Map 接口

11.5.1　Map 接口简介

在集合类中，除了前面讲解的单列集合类外，在以后的编程中还会用到另一种集合类——双列集合类，双列集合类使用非常广泛。双列集合类在存储元素的时候，都是给该元素配置一个不可重复的键，然后键和待存元素作为一个整体存入集合。在应用程序中，如果想存储这种具有对应关系的数据，则需要使用 JDK 提供的 Map 接口。Map 接口就是一种双列集合接口，它的每个元素都包含一个键对象，如果要访问元素，只要指定了该元素的键 Key，就能找到与之对应的元素 Value。为了便于学习 Map 接口，首先要了解 Map 接口中定义的一些通用方法，如表 11-4 所示。

表 11-4　Map 接口常用方法

方法	描述	返回值类型
clear()	从此映射中移除所有映射关系（可选操作）	void
containsKey(Object key)	如果此映射包含指定键的映射关系，则返回 true	boolean
containsValue(Object value)	如果此映射将一个或多个键映射到指定值，则返回 true	boolean
entrySet()	返回此映射中包含的映射关系的 Set 视图	Set<Map.Entry<K,V>>
equals(Object o)	比较指定的对象与此映射是否相等	boolean
get(Object key)	返回指定键所映射的值；如果此映射不包含该键的映射关系，则返回 null	V
hashCode()	返回此映射的哈希码值	int
isEmpty()	如果此映射未包含键-值映射关系，则返回 true	boolean
keySet()	返回此映射包含的键的 Set 视图	Set<K>

续表

方法	描述	返回值类型
put(K key,V value)	将指定的值与此映射中的指定键关联	V
putAll(Map<?extends K,?extends V> m)	从指定映射中将所有映射关系复制到此映射中	void
remove(Object key)	如果存在一个键的映射关系，则将其从此映射中移除	V
size()	返回此映射的键-值映射关系数	int
values()	返回此映射包含的值的 Collection 视图	Collection<V>

11.5.2 HashMap 集合

HashMap 集合类是 Map 接口的一个重要的实现类，它用于存储键值搭配的复合元素，但存入的元素不能出现重复的键。接下来通过一个示例来学习 HashMap 类的用法。

【例 11-10】HashMap 集合的基本使用方法。

```
package ch11;
import java.util.HashMap;
public class TestList{
   public static void main(String[] args){
      HashMap<Object,Object> hm=new HashMap<Object,Object>();
      hm.put("one","张三");
      hm.put("two","李四");
      hm.put("three","王五");
      System.out.println(hm.get("one"));
      System.out.println(hm.get("two"));
      System.out.println(hm.get("three"));
   }
}
```

程序运行结果如图 11-12 所示。

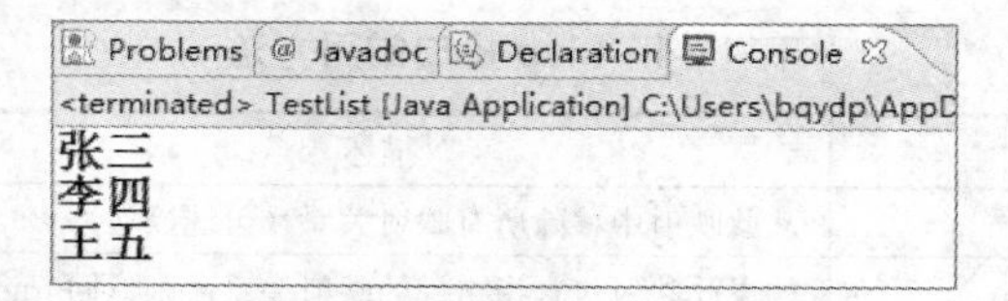

图 11-12　例 11-10 程序运行结果

在例 11-10 中，首先通过 Map 的 put(Object key,Object value)方法向该集合中添加了 3 个元素，然后通过 Map 的 get(Object key)方法获取与键对应的值并输出。

前面讲过 Map 集合中的键具有不可重复的特性，现在向 Map 集合中添加一个相同的键的元素，看看会出现什么情况。现对例 11-10 进行修改，在其中增加一行代码，如下所示。

```
package ch11;
```

```
import java.util.HashMap;
public class TestList{
   public static void main(String[] args){
      HashMap<Object,Object> hm=new HashMap<Object,Object>();
      hm.put("one","张三");
      hm.put("two","李四");
      hm.put("three","王五");
      hm.put("two","赵六");
      System.out.println(hm.get("one"));
      System.out.println(hm.get("two"));
      System.out.println(hm.get("three"));
   }
}
```

再次编译和运行程序，结果如图 11-13 所示。

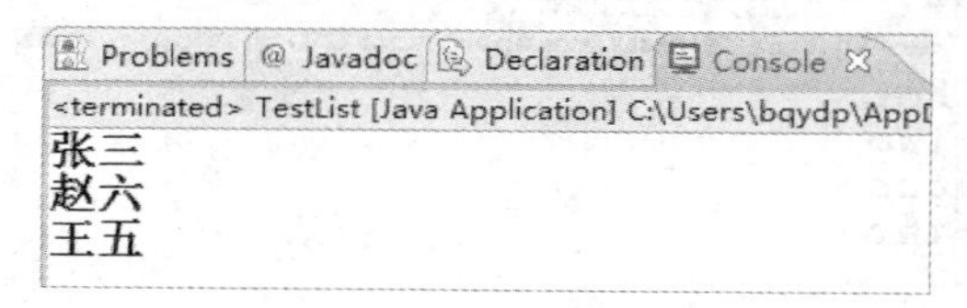

图 11-13　例 11-10 修改后的程序运行结果

从图 11-13 可以看出，Map 中仍然只有 3 个元素，第二次添加的值“赵六”覆盖了原来的值“李四”，因此证实了 Map 中的键必须是唯一的，不能重复。如果 Map 中存储了相同的键，则后面存储的值会覆盖原有元素的值，即如果键相同，则值将被覆盖。

在以后的编程中，有时还会要求取出 Map 中存储元素的所有键和值信息，那么该如何遍历 Map 中所有的键值对呢？这里有 3 种情况可以获取需要的信息。

第一种情况：获取 HashMap 集合的键信息。

第二种情况：获取 HashMap 集合的值信息。

第三种情况：获取 HashMap 集合的键值对信息。

下面通过示例来演示这 3 种情况。

【例 11-11】 获取 HashMap 集合的键信息。

```
package ch11;
import java.util.Collection;
import java.util.HashMap;
import java.util.Iterator;
import java.util.Set;
public class TestList{
   public static void printElements(Collection c){
      Iterator it=c.iterator();
      while(it.hasNext()){
         System.out.println(it.next());
```

```
        }
    }
    public static void main(String[] args){
        HashMap<Object,Object> hm=new HashMap<Object,Object>();
        hm.put("one","张三");
        hm.put("two","李四");
        hm.put("three","王五");
        Set keys=hm.keySet();
        System.out.println("Key:");
        printElements(keys);
    }
}
```

程序运行结果如图 11-14 所示。

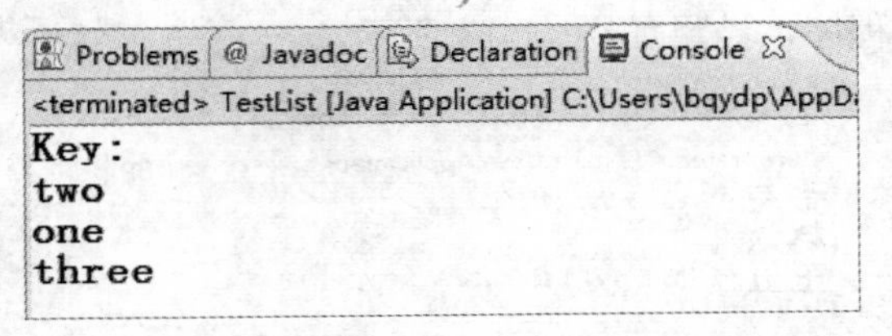

图 11-14　例 11-11 程序运行结果

在例 11-11 中，获取的是所有键信息构成的集合。

【例 11-12】 获取 HashMap 集合的值信息。

```
package ch11;
import java.util.Collection;
import java.util.HashMap;
import java.util.Iterator;
public class TestList{
    public static void printElements(Collection c){
        Iterator it=c.iterator();
        while(it.hasNext()){
            System.out.println(it.next());
        }
    }
    public static void main(String[] args){
        HashMap<Object,Object> hm=new HashMap<Object,Object>();
        hm.put("one","张三");
        hm.put("two","李四");
        hm.put("three","王五");
        Collection values=hm.values();
        System.out.println("Value:");
        printElements(values);
```

```
        }
    }
```

程序运行结果如图 11-15 所示。

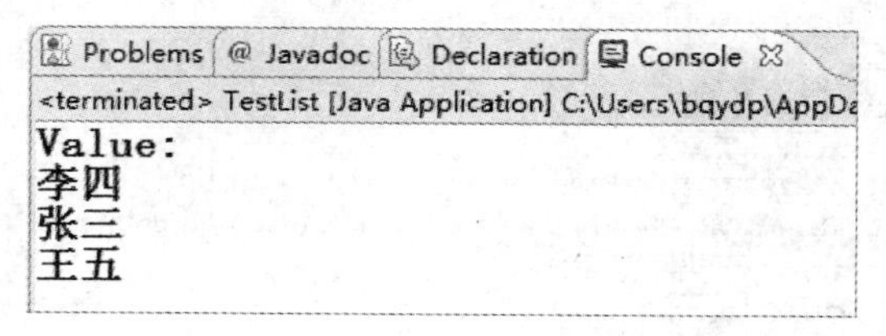

图 11-15　例 11-12 程序运行结果

在例 11-12 中，通过调用 Map 的 values()方法获取包含 Map 集合中所有的值 Collection 集合，然后迭代出集合中的每一个值。

但是从上面的例子可以看出，HashMap 集合输出元素的顺序和存入元素的顺序是不同的。如果有需求想让前后顺序一致，可以考虑使用 HashMap 的子类——LinkedHashMap 类，它使用双向链表来维护内部元素的关系，使迭代输出元素的顺序与存入元素的顺序保持一致。

【例 11-13】 获取 HashMap 集合的键值对信息。

```
package ch11;
import java.util.Collection;
import java.util.HashMap;
import java.util.Iterator;
import java.util.Map;
import java.util.Set;
public class TestList{
   public static void printElements(Collection c){
      Iterator it=c.iterator();
      while(it.hasNext()){
         System.out.println(it.next());
      }
   }
   public static void main(String[] args){
      HashMap<Object,Object> hm=new HashMap<Object,Object>();
      hm.put("one","张三");
      hm.put("two","李四");
      hm.put("three","王五");
      Set entry=hm.entrySet();
      Iterator it=entry.iterator();
      while(it.hasNext())
      {
         Map.Entry me=(Map.Entry)it.next();
```

```
            System.out.println(me.getKey()+":"+me.getValue());
        }
    }
}
```

程序运行结果如图 11-16 所示。

```
Problems  @ Javadoc  Declaration  Console
<terminated> TestList [Java Application] C:\Users\bqydp\AppDat
two:李四
one:张三
three:王五
```

图 11-16　例 11-13 程序运行结果

在例 11-13 中，首先调用 Map 对象的 entrySet()方法获得存储在 Map 集合中所有键值对构成的元素对应的 Set 集合，这个 Set 单列集合中存放的元素类型为 Map.Entry 类型。Entry 是 Map 接口的内部类，每个 Map.Entry 对象代表 Map 中的一个键值对构成的元素，然后迭代该 Set 集合，分别调用 Map.Entry 对象的 getKey()方法和 getValue()方法获取键和值。

11.6 泛　型

11.6.1 泛型概述

泛型是程序设计语言的一种特性，允许程序员在利用强类型程序设计语言编写代码时定义一些可变部分，那些部分在使用前必须做出说明。各种程序设计语言及其编译器、运行环境对泛型的支持均不一样。泛型是一种将类型参数化以实现代码复用、提高软件开发工作效率的数据类型。通过前面的学习可知，定义集合的时候，需要指明其存储类型。如果不指明的话，会出现什么影响呢？当把一个对象存入集合后，如果在程序中无法确定一个集合中的元素到底是什么类型的，那么在取出元素时，如进行强制类型转换就很容易出错。接下来通过一个示例来演示这种情况。

【例 11-14】泛型的基本使用。

```
package ch11;
import java.util.ArrayList;
public class TestList{
    public static void main(String[] args){
        ArrayList al=new ArrayList();
        al.add("John");
        al.add("Marry");
        al.add("Mike");
        al.add(8);
        for(int i=0;i<al.size();i++){
```

```
            String string=(String)al.get(i);
            System.out.println(string);
         }
      }
   }
```

程序运行结果如图 11-17 所示。

```
Problems  @ Javadoc  Declaration  Console
<terminated> TestList (1) [Java Application] C:\Users\bqydp\AppData\Local\Genuitec\Common\binary\com
John
Marry
Mike
Exception in thread "main" java.lang.ClassCastException:
        at t.TestList.main(TestList.java:16)
```

图 11-17　例 11-14 程序运行结果

在例 11-14 中，List 集合中存入了 4 个元素，分别是 3 个字符串和 1 个整数。在取出这些元素时，它们被强制转换为 String 型，由于 int 型对象无法转换为 String 型，因此程序运行时会出现图 11-17 所示的错误。为了解决这个问题，Java 中引入了“参数化类型”（parameterized type）这个概念，即泛型。它可以限定方法操作的数据类型，在定义集合类时，使用“参数化类型”的方式指定该类中方法操作的数据类型，具体格式如下：

```
ArrayList<参数化类型>list=new ArrayList<参数化类型>();
```

接下来对例 11-14 中的代码进行修改，如下所示：

```
package ch11;
import java.util.ArrayList;
public class TestList{
   public static void main(String[] args){
      ArrayList<String> al=new ArrayList<String>();
      //集合存储元素类型通过泛型指定为字符串
      al.add("John");
      al.add("Marry");
      al.add("Mike");
      al.add(8);
      for(int i=0;i<al.size();i++){
         String string=(String) al.get(i);
         System.out.println(string);
      }
   }
}
```

上面这种写法就限定了 ArrayList 集合只能存储 String 型元素，将改写后的程序再次编译，程序在编译时就会出现错误提示，如图 11-18 所示。

```
TestList.java
 1 package ch11;
 2
 3 import java.util.ArrayList;
 4 public class TestList {
 5     public static void main(String[] args) {
 6         ArrayList<String> al = new ArrayList<String>();//集合存储元素类型通过泛型指定为字符串。
 7         al.add("John");
 8         al.add("Marry");
 9         al.add("Mike");
10         al.add(8);
11         for The method add(int, String) in the type ArrayList<String> is not applicable for the arguments (int)
12                                                                             Press 'F2' for focus
13             System.out.println(string);
14         }
15     }
16 }
17
```

图 11-18　例 11-14 修改后程序运行结果

在图 11-18 中，程序编译报错的原因是修改后的代码限定了集合元素的数据类型，ArrayList<String>这样的集合只能存储 String 型元素。程序在编译时，编译器检查出 Integer 类型的元素与 List 集合的规定类型不匹配，编译不通过。这样就可以在编译时解决错误，避免程序在运行时发生错误。

11.6.2　自定义泛型

11.6.1 节讲解了在集合上如何使用泛型，那么在程序中是否能自定义泛型呢？答案是肯定的。下面通过一个具体示例对自定义泛型进行讲解。假设要实现一个简单的容器，用于缓存程序中的某个值，这里定义了一个简易的链表，首先定义数据结点类，代码如下：

微课：泛型

```
package ch11;
public class Node{
   private int number;
   private Node next;
   public int getNumber(){
      return number;
   }
   public void setNumber(int number){
      this.number=number;
   }
   public Node(int number){
      this.number=number;
   }
   public Node(){
   }
   public Node getNext(){
      return next;
   }
   public void setNext(Node next){
```

```
        this.next=next;
    }
}
```

在该类中，数据区为一个整型变量，也即将来的集合只能存储整数类型。

接下来定义链表类，代码如下：

```
package ch11;
public class MyLink{
    private Node head;
    public Node getHead()
    {
        return head;
    }
    public void setHead(Node head)
    {
        this.head=head;
    }
    public MyLink()
    {
        Node n=new Node();
        head=n;
    }
    public boolean insert(int x)
    {
        Node n=new Node(x);
        Node p=head;
        while(p.getNext()!=null)
        {
            p=p.getNext();
        }
        p.setNext(n);
        return true;
    }
    public void select()
    {
        Node p;
        p=head;
        while(p.getNext()!=null)
        {
            Node q=p.getNext();
            System.out.print(q.getNumber()+"  ");
```

```
            p=p.getNext();
        }
        System.out.println();
    }
    public boolean delete(int x)
    {
        Node p=head;
        while(p.getNext()!=null && p.getNext().getNumber()!=x)
        {
            p=p.getNext();
        }
        if(p.getNext()==null)
            return false;
        p.setNext(p.getNext().getNext());
        return true;
    }
}
```

在上述代码中，集合实例化后可以调用集合的相关方法对集合进行添加、删除和查询操作。

下面定义测试类，测试所定义的链表的实用性。代码如下：

```
package ch11;
public class TestList{
    public static void main(String[] args){
        MyLink link=new MyLink();
        link.insert(1);
        link.insert(2);
        link.insert(3);
        link.insert(4);
        link.select();
        link.delete(2);
        link.select();
        if(link.delete(6))
            System.out.println("删除成功");
        else
            System.out.println("该元素不存在");
    }
}
```

程序运行结果如图 11-19 所示。

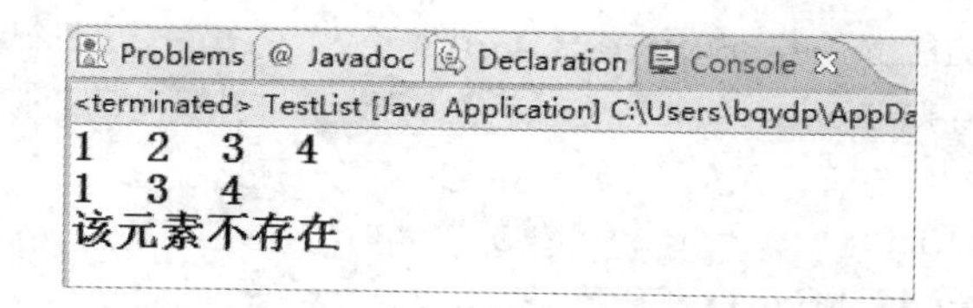

图 11-19 程序运行结果

在上述示例中，MyLink 集合的基本操作可以实现，但是存储类型仅限于整数。如何使得集合的存储类型更加广泛，也就是将类型参数化？答案是引入类型参数，即泛型。

对上述示例代码进行修改，数据结点类 Node 修改如下：

```
package ch11;
public class Node<T>{
   private T number;
   private Node next;
   public T getNumber(){
      return number;
   }
   public void setNumber(T number){
      this.number=number;
   }
   public Node(T number){
      this.number=number;
   }
   public Node(){
   }
   public Node getNext(){
      return next;
   }
   public void setNext(Node next){
      this.next=next;
   }
}
```

该类引入泛型，将数据类型定义为 T，该类型实际为一个参数，有待使用者进行参数传递，从而决定数据的类型。

链表类修改如下：

```
package ch11;
public class MyLink<T>{
   private Node head;
   public Node getHead(){
      return head;
   }
```

```
    public void setHead(Node head){
      this.head=head;
    }
    public MyLink(){
      Node n=new Node();
      head=n;
    }
    public boolean insert(T x){
      Node n=new Node(x);
      Node p=head;
      while(p.getNext()!=null){
        p=p.getNext();
      }
      p.setNext(n);
      return true;
    }
    public void select(){
      Node p;
      p=head;
      while(p.getNext()!=null){
        Node q=p.getNext();
        System.out.print(q.getNumber()+"  ");
        p=p.getNext();
      }
      System.out.println();
    }
    public boolean delete(T x){
      Node p=head;
      while(p.getNext()!=null && p.getNext().getNumber()!=x){
        p=p.getNext();
      }
      if(p.getNext()==null)
        return false;
      p.setNext(p.getNext().getNext());
      return true;
    }
}
```

该类也引入泛型，将全部体现存储数据类型的符号由T取代。

测试类代码修改如下：

```
package ch11;
public class TestList{
```

```
    public static void main(String[] args){
      MyLink<String> link=new MyLink<String>();
      link.insert("GG");
      link.insert("hh");
      link.select();
      link.delete("jj");
      link.select();
      if(link.delete("hh"))
        System.out.println("删除成功");
      else
        System.out.println("该元素不存在");
      link.select();
    }
}
```

再次运行程序，运行结果如图 11-20 所示。

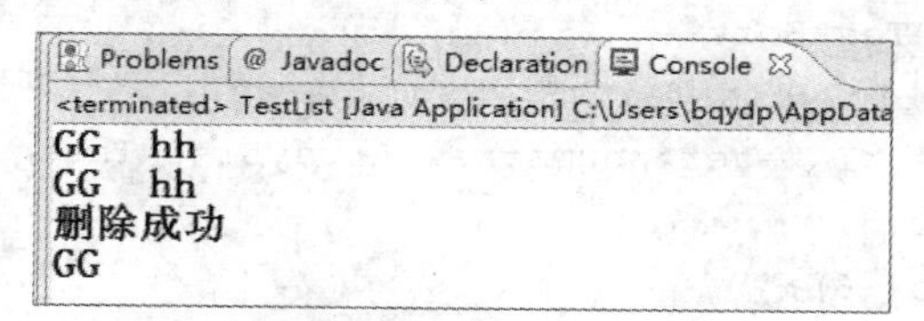

图 11-20 引入泛型后的程序运行结果

修改后的代码在定义Node类时，声明了参数类型为T，在实例化对象时通过<String>将参数 T 指定为 String 型。

11.7 Collections 工具类

在以后的编程中，经常会遇到针对集合进行的一些操作，如集合的元素排序、从集合中查找元素等。鉴于此，Java 提供了一个操作 Set、List 和 Map 等集合的工具类，这个类就是 Collections，它位于 java.util 包中。该类提供了大量对集合进行排序、查询和修改等操作的方法，还提供了将集合对象置为不可变、对集合对象实现同步控制等方法，这些方法都是静态的。接下来对这些常用的方法进行介绍。

1. 排序操作

Collections 类提供了一系列用于对 List 集合进行排序的方法，如表 11-5 所示。

表 11-5 Collections 类常用排序方法

定义	功能描述
static void reverse(List<?> list)	反转列表中元素的顺序
static void shuffle(List<?> list)	对 List 集合元素进行随机排序

续表

定义	功能描述
static void sort(List<T> list)	根据元素的自然顺序对指定列表按升序进行排序
static <T> void sort(List<T> list,Comparator<? super T> c)	根据指定比较器产生的顺序对指定列表进行排序
static void swap(List<?> list,int i,int j)	在指定 List 的指定位置 i、j 处交换元素
static void rotate(List<?> list,int distance)	当 distance 为正数时，将 List 集合的后 distance 个元素整体移到前面；当 distance 为负数时，将 List 集合的前 distance 个元素整体移到后面。该方法不会改变集合的长度

下面通过一个示例针对 Collections 类的常用排序方法进行学习。

【例 11-15】Collections 类的常用排序方法的使用。

```
package ch11;
import java.util.ArrayList;
import java.util.Collections;
public class TestSort{
   public static void main(String[] args){
      ArrayList<Integer> nums=new ArrayList<Integer>();
      nums.add(3);
      nums.add(-6);
      nums.add(7);
      nums.add(1);
      System.out.println(nums);                   //输出集合所有元素
      Collections.reverse(nums);                  //将 List 集合元素的次序反转
      System.out.println(nums);                   //输出集合所有元素
      Collections.sort(nums);                     //将 List 集合元素按自然顺序排序
      System.out.println(nums);                   //输出集合所有元素
      Collections.shuffle(nums);                  //将 List 集合元素按随机顺序排序
      System.out.println(nums);                   //输出集合所有元素
      Collections.rotate(nums,2);                 //后两个整体移动到前边
      System.out.println(nums);                   //输出集合所有元素
   }
}
```

程序运行结果如图 11-21 所示。

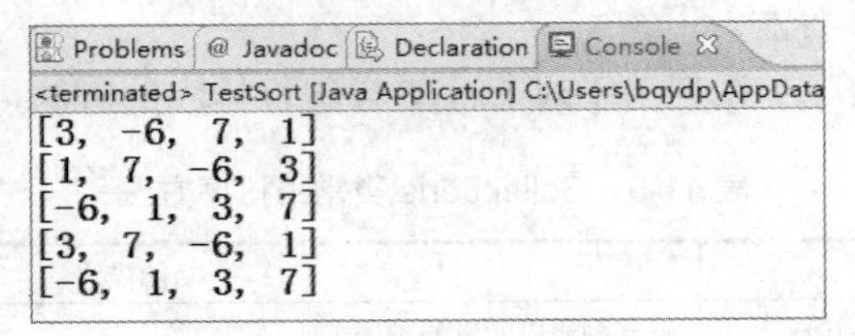

图 11-21 例 11-15 程序运行结果

2. 查找、替换操作

Collections 类还提供了一些用于查找、替换集合元素的方法，如表 11-6 所示。

表 11-6 Collections 类常用方法

定义	功能描述
int binarySearch(List list,Object key)	使用二分搜索法搜索指定列表，以获得指定对象在 List 集合中的索引
Object max(Collection coll)	根据元素的自然顺序，返回给定 Collection 中的最大元素
Object max(Collection coll,Comparator comp)	根据指定 Comparator 比较器产生的顺序，返回给定 Collection 中的最大元素
Object min(Collection coll)	根据元素的自然顺序，返回给定 Collection 中的最小元素
void fill(List list,Object obj)	使用指定元素 obj 替换指定 List 集合中的所有元素
int frequency(Collection c,Object o)	返回指定 Collection 中指定元素的出现次数

下面使用表 11-6 所列方法通过一个示例演示如何查找、替换集合中的元素。

【例 11-16】Collections 类常用方法的使用。

```
package ch11;
import java.util.ArrayList;
import java.util.Collections;
public class TestSort{
   public static void main(String[] args){
      ArrayList<Integer> nums=new ArrayList<Integer>();
      nums.add(3);
      nums.add(-6);
      nums.add(7);
      nums.add(1);
      System.out.println(nums);                         //输出集合所有元素
      System.out.println(Collections.max(nums)); //输出最大元素
      System.out.println(Collections.min(nums)); //输出最小元素
      Collections.replaceAll(nums,1,2);   //将 nums 中的 1 使用 2 来代替
      System.out.println(nums);                         //输出集合所有元素
      //判断-6 在 List 集合中出现的次数
      System.out.println(Collections.frequency(nums,-6));
      Collections.sort(nums);                           //对 nums 集合排序
      System.out.println(nums);                         //输出集合所有元素
      //只有排序后的 List 集合才可用二分法查询
      System.out.println(Collections.binarySearch(nums,3));
   }
}
```

程序运行结果如图 11-22 所示。

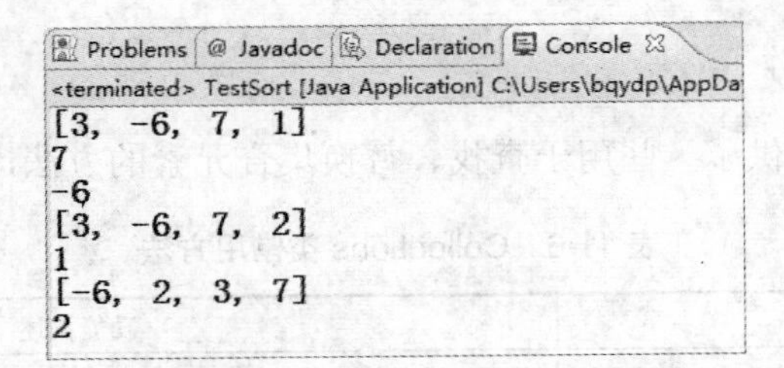

图 11-22 例 11-16 程序运行结果

微课：对象排序

Collections 类的排序方法经常会在程序开发过程中使用，上面示例中排序的集合元素为单纯的数字，比较容易理解。如果集合中存储的是若干对象，要求按照对象的某一个字段信息对集合中的元素进行排序，程序该怎么写呢？下面看一个示例。

【例 11-17】使用 Collections 类的排序方法实现对象排序。

排序对象学生类的定义如下：

```
package ch11;
public class Student implements Comparable{
private String id;
private String name;
private int age;
public Student(String id,String name,int age){
   this.id=id;
   this.name=name;
   this.age=age;
}
public int getAge(){
   return age;
}
public void setAge(int age){
   this.age=age;
}
public String getId(){
   return id;
}
public void setId(String id){
   this.id=id;
}
public String getName(){
   return name;
}
public void setName(String name){
   this.name=name;
```

```
    }
    public int compareTo(Object arg0){        //设计按照年龄由小到大进行排序
        Student s=(Student) arg0;
        return age-s.age;
    }
    @Override
    public String toString(){
        return "学号："+id+" 姓名："+name+" 年龄："+age;
    }
}
```

实现对象排序：

```
package ch11;
import java.util.ArrayList;
import java.util.Collections;
public class TestList2{
    public static void main(String[] args){
        ArrayList<Student> nums=new ArrayList<Student>();
        nums.add(new Student("201801","张三",19));
        nums.add(new Student("201802","张三",18));
        nums.add(new Student("201803","张三",20));
        System.out.println(nums);  //输出集合中的原来顺序的所有对象
        Collections.reverse(nums); //输出集合中的原来顺序的所有对象反向顺序
        System.out.println(nums);
        Collections.sort(nums);    //按照年龄大小输出集合中的所有对象
        System.out.println(nums);
    }
}
```

程序运行结果如图 11-23 所示。

```
Problems  @ Javadoc  Declaration  Console
<terminated> TestList2 (3) [Java Application] E:\Java  Web应用开发材料\MyEclipse6.0\eclipse\jre\bin\javaw.exe (2018-2-25 上午08:40:36)
[学号：201801 姓名：张三 年龄：19, 学号：201802 姓名：张三 年龄：18, 学号：201803 姓名：张三 年龄：20]
[学号：201803 姓名：张三 年龄：20, 学号：201802 姓名：张三 年龄：18, 学号：201801 姓名：张三 年龄：19]
[学号：201802 姓名：张三 年龄：18, 学号：201801 姓名：张三 年龄：19, 学号：201803 姓名：张三 年龄：20]
```

图 11-23　例 11-17 程序运行结果

Collections 类还提供了一些其他方法，有兴趣的读者可以根据需要自行查阅 API 帮助文档，这里不再赘述。

11.8 Arrays 工具类

Java 类库提供了一个用于操作数组的工具类——Arrays，其定义了常见操作数组的静态方法。下面通过示例对 Arrays 工具类的常用方法进行介绍。

【例 11-18】Arrays 工具类常用方法的使用。

```
package ch11;
import java.util.ArrayList;
import java.util.Arrays;
public class TestSort{
   public static void main(String[] args){
      int[] intArray={1,2,3,4,5};
      String intArrayString=Arrays.toString(intArray);
      System.out.println(intArray);  //直接输出,则会输出引用对象的 Hash 值
      System.out.println(intArrayString);          //[1,2,3,4,5]
      String[] stringArray={"a","b","c","d","e"};
      ArrayList<String> arrayList=new ArrayList<String>(Arrays.
               asList(stringArray));          //根据数组创建 ArrayList
      System.out.println(arrayList);
      //检查数组是否包含某个值
      boolean b=Arrays.asList(stringArray).contains("a");
      System.out.println(b);                          //true
      String[] str={"s2","s4","s1","s3"};
      System.out.println(Arrays.toString(str));
      Arrays.sort(str);
      System.out.println(Arrays.toString(str));
      //通过二分查找法对已排序的数组进行查找
      int ans=Arrays.binarySearch(str,"s1");
      System.out.println(ans);
      int[] a=new int[]{1,9,5,4,6,4,7,1};
      Arrays.sort(a);                                  //数组排序，默认为升序
      System.out.println(Arrays.toString(a));
      System.out.println(Arrays.toString(str));
      Arrays.fill(str,"s5");                           //给数组赋值，填充数组
      System.out.println(Arrays.toString(str));
   }
}
```

程序运行结果如图 11-24 所示。

```
Problems  @ Javadoc  Declaration  Console
<terminated> TestSort [Java Application] C:\Users\bqydp\AppD
[I@4f1d0d
[1, 2, 3, 4, 5]
[a, b, c, d, e]
true
[s2, s4, s1, s3]
[s1, s2, s3, s4]
0
[1, 1, 4, 4, 5, 6, 7, 9]
[s1, s2, s3, s4]
[s5, s5, s5, s5]
```

图 11-24 例 11-18 程序运行结果

从图 11-24 可以看到，JDK 的 Arrays 工具类实现了对数组的基本操作，如排序、查找和输出等。

11.9 反射基础

微课：反射

反射机制是 Java 的特性之一。Java 程序需要先编译再运行，编译器首先编译 Java 源代码，生成与平台无关的字节码文件，然后在 Java 虚拟机上运行字节码文件，在运行字节码文件时，Java 类需要被 JVM 加载。如果 Java 类不被 JVM 加载，则程序是不能正常运行的。反射是 Java 语言运行时系统拥有的一项自观能力。反射使用户的程序能够得到装载到 JVM 中的类的内部信息，允许程序运行时才得到需要的类的内部信息，而不是在编写程序时就必须知道所需类的内部信息，也就是说程序使用在编译期间并不知道的类。

要正确使用 Java 反射机制需要使用 java.lang.Class 类。它是 Java 反射机制的起源。当一个类被加载以后，JVM 就会自动产生一个 Class 对象。通过该 Class 对象，能获得加载到 JVM 中这个 Class 对象对应的方法、成员及构造方法的声明和定义等信息。

在运行期间，如果要产生某个类的对象，JVM 会检查该类型的 Class 对象是否已被加载。如果其没有被加载，则 JVM 会根据类的名称找到.class 文件并加载它。一旦某个类型的 Class 对象被加载到内存，就可以用它来产生该类型的所有对象。

在 Java 中，每个类都有一个相应的 Class 对象。也就是说，当一个类编写并编译完成后，其生成的.class 文件中就会产生一个 Class 对象，用于表示这个类的类型信息。

获取 Class 实例的 3 种方式如下：

1）调用对象的 getClass()方法，获取该对象的 Class 实例。

2）调用 Class 类的静态方法 forName()，用类的名称获取一个 Class 实例。

3）采用.class 的方式来获取 Class 实例。对于基本数据类型的封装类，还可以采用.TYPE 来获取对应的基本数据类型的 Class 实例。

【例 11-19】通过反射机制，获取某一个类的内部成员信息。

```
package t;
import java.lang.reflect.Field;
import java.lang.reflect.Method;
import java.util.Scanner;
public class TestReflect{
   public static void main(String[] args){
      Scanner in=new Scanner(System.in);
      String s=in.next();
      Class c=null;
      try{
         c=Class.forName("t."+s);                              //加载类时提供全类名
      } catch(ClassNotFoundException e){
         e.printStackTrace();
```

```
        }
        Field[] f=c.getDeclaredFields();
        Method[] ms=c.getDeclaredMethods();
        for(int i=0;i<f.length;i++){
            System.out.println(f[i]);
        }
        for(Method ff:ms){
            System.out.println(ff);
        }
    }
//t 包下的 Student 类:
class Student{
    String stuName;
    int stuAge;
    public Student(String stuName,int stuAge){
        this.stuAge=stuAge;
        this.stuName=stuName;
    }
    public String toString(){
        return "学生名字: "+stuName+"  学生年龄: "+stuAge;
    }
    public Student()
    {
    }
}
//t 包下的 Teacher 类:
class Teacher{
    String teaName;
    int teaAge;
    public Teacher(String teaName,int teaAge){
        this.teaAge=teaAge;
        this.teaName=teaName;
    }
    public String toString(){
        return "教师名字: "+teaName+"  教师年龄: "+teaAge;
    }
}
}
```

如果输入类名 Student，则可以输出 Student 类的成员信息，如图 11-25 所示。

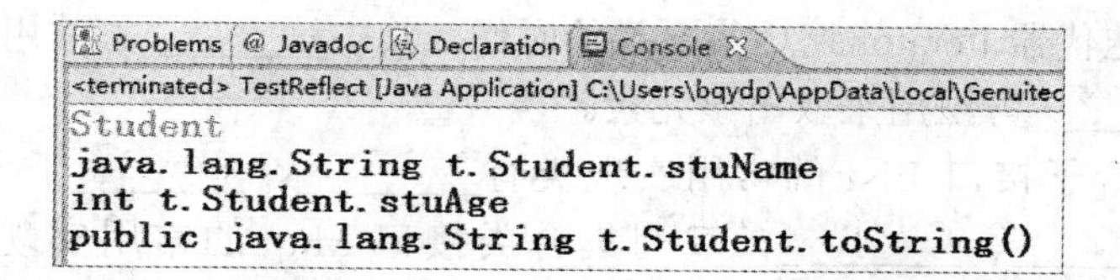

图 11-25 例 11-19 程序运行结果（一）

如果输入类名 Teacher，则可以输出 Teacher 类的成员信息，如图 11-26 所示。

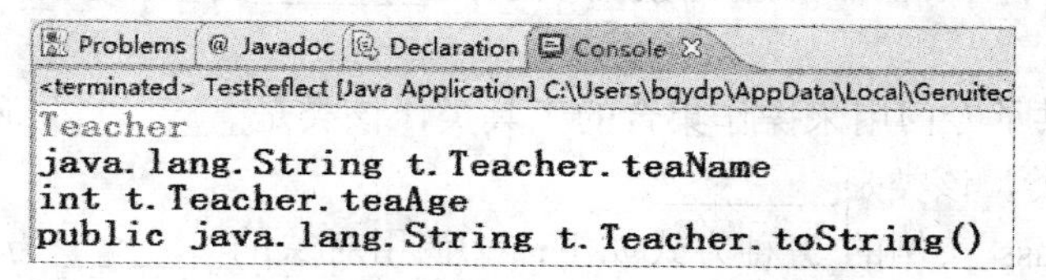

图 11-26 例 11-19 程序运行结果（二）

本 章 小 结

本章详细介绍了几种 Java 常用集合类，从 Collection、Map 根接口开始讲起，重点介绍了 List 集合、Set 集合、Map 集合之间的区别，以及常用实现类的使用方法和需要注意的问题，另外还介绍了泛型，以及 Collections 工具类和 Arrays 工具类的相关知识，最后介绍了反射的基本概念，并举例说明其基本的用法。

通过本章的学习，必须熟练掌握各种集合类的使用场景，以及需要注意的细节，掌握泛型及常见工具类的使用方法。

习题 11

一、简答题

1．集合类中的 List 类型、Set 类型和 Map 类型 3 种集合类在进行数据存取管理上有什么区别？

2．简述在 Java 中为什么要使用泛型。

3．简述 Java 反射机制的基本原理。

二、填空题

1．在 Java 语言中，集合类都位于________包中。

2．集合按照存储结构的不同可分为单列集合和双列集合，单列集合的根接口是________，双列集合的根接口是________。

3．单列集合类的两个接口是 List 和 Set，List 的特点是________，Set 的特点是________。

4．获取单列集合中元素的个数可以使用________方法。

5．在使用迭代器 Iterator 遍历集合类的时候，其中________方法用来判断是否存在后继元素，________方法用来取出该元素。

6．单列集合子接口 List 的常用实现类有________、________，子接口 Set 的常用实现类有________、________，双列集合类接口 Map 的常用实现类有________、________。

7．双列集合 Map 中的元素都是成对出现的，这对元素的关系是________关系。

8．向双列集合 Map 中添加元素需要调用________方法，调用一个元素需要调用________方法。

9．JDK 提供了专门用来操作集合的工具类，该类是________，还提供了专门用于操作数组的工具类，该类是________。

10．获取 Class 实例的 3 种方式如下：①调用对象的________方法；②调用 Class 类的静态方法________；③采用________方式获取 Class 实例。

三、程序设计题

1．在单列集合类 ArrayList 中添加 5 个不同字符串，并使用迭代器 Iterator 遍历该集合。

2．在 HashSet 集合中添加 3 个 Student 对象，学号相同的人视作同一个人，集合中禁止重复添加元素。

3．使用双列集合类 HashMap 保存 5 位学生的学号和姓名，学号为键，姓名为值，然后按学号的自然顺序将这些学员信息按照“键=值”的格式输出。

习题 11 参考答案

第 12 章 Java 与数据库

学习指南

本章首先介绍数据库的基本知识；简述数据库访问的一般流程；阐述 JDBC 的概念，并通过实例，配以合理的练习，详细介绍 Java 中连接数据库和操作数据库的方法和步骤。通过本章的学习，读者应掌握在 Java 程序中连接数据库、插入记录、删除记录、修改记录等方法。

难点重点

- 数据源的配置。
- 数据驱动程序加载方式。
- 数据库操作流程。
- 预处理语句。

数据库（database）是长期存储在计算机内的、有组织的、可共享的数据集合。在当今的信息时代，数据库是无处不在的。计算机应用系统基本都涉及有关数据库的操作，其中相当一部分是以数据库为核心来组织整个系统的，因此 Java 程序对数据库的访问与操作至关重要，本章介绍 Java 的数据库操作功能。

12.1 数据库概述

12.1.1 数据库的基本概念

数据库是管理和组织信息与数据的综合系统，是计算机科学的重要分支。关系型数据库是目前应用最为广泛的数据库系统，在各个领域中得到了广泛应用。目前广泛使用的大型关系型数据库产品有 Oracle、Sybase 和 SQL Server。除此之外，小型关系型数据库产品 Access 和 Visual FoxPro 也使用较多。

数据库就是以一定的组织方式存储在计算机中，按照某种规则相互联系的数据的集合。数据有多种表现形式，如文字、数码、符号、图形、图像及声音等，它们都可以经过数字化后存入计算机。例如，对学生的学籍信息（学生的学号、姓名、性别、出生年月、籍贯、所在系别、毕业学校等）可描述如下：

```
(201805010026,张三,男,20000521,郑州,计算机系,郑州六中)
```

这里的学生记录就是数据。多条这样的记录以一定顺序长期存储在计算机中组成可共享的数据集合，就构成了数据库。

了解了数据和数据库的概念，下一个问题就是如何科学地组织和存储数据，如何高效地获取和维护数据。完成这个任务需要借助于一个系统软件——数据库管理系统（database management system，DBMS）。它是一个位于用户和操作系统间的数据管理软件，主要功能如下。

1）数据定义功能。DBMS 提供数据定义语言，可以方便地对数据库中的数据对象进行定义。

2）数据操作功能，即实现如查询、插入、删除和修改等基本操作。

3）数据库的运行管理，保证数据的安全性、完整性。

4）数据库的建立和维护功能。

最后一个关键的基本概念就是数据库系统（database system，DBS）。它一般由数据库、DBMS、应用系统、数据库管理员和用户构成。数据库系统不从具体的应用程序出发，而是立足于数据本身的管理，它将所有数据保存在数据库中，对其进行科学的组织，并借助于 DBMS，使各种应用程序或应用系统能方便地使用数据库中的数据。就好像工厂中的库房一样，面向全厂车间，不论哪个车间的物料需求单，都可到库房去拿对应的工具或物料，物料的进出、更新、保存均由库房管理人员来做。有了数据库系统，所有应用程序都可以通过访问数据库的办法来使用所需的数据，实现了数据资源的共享。DBMS 则负责各种数据的维护、管理工作，如大批数据的查询、检索、更新、保存等。

关系型数据库以表为单位来组织数据，表是由行和列组成的二维表格。表 12-1 为存放学生学籍信息的样例表。

表 12-1 学生学籍信息

学号	姓名	性别	出生年月	籍贯	所在系别	毕业学校
201805010026	张三	男	20000521	郑州	计算机系	郑州六中
201807030008	李四	男	20000205	郑州	英语系	郑州十二中

表由结构和记录两部分组成。表结构对应表头信息，包括表所包含的列名、数据类型和数据长度等信息。列也称为字段。

表 12-1 所示学生学籍信息表的结构如表 12-2 所示。

表 12-2 学生学籍信息表的结构

字段名	类型	字段宽度
学号	数字	整型
姓名	文本	10B
性别	文本	2B
出生年月	数字	整型

续表

字段名	类型	字段宽度
籍贯	文本	10B
所在系别	文本	20B
毕业学校	文本	30B

记录是表中除结构外的各行数据。每一行称为一条记录，每条记录由若干个域组成，一个域对应表中的一列。每个域的数据要符合所在列数据类型的规定，如学号域的值只能为数值型数据，而不允许是字符型数据。

12.1.2 数据的访问过程

一个典型的数据应用程序访问、操作数据的过程如下（实际程序中，有些过程可能省略）。

1．连接到数据

为了将数据引入应用程序（并将更改发回数据源），需要建立某种双向通信机制。这种双向通信机制通常由一个连接对象处理，连接对象通过它连接到数据源时所需的信息（连接字符串）进行配置。这是所有数据访问都必需的步骤。

2．准备应用程序以接收数据

当应用程序使用断开连接的数据模型时，在处理数据期间需要在应用程序中临时存储数据。在查询数据前，需要创建一个数据集，用以接收查询结果，创建的数据集与返回的数据具有相同的形式（架构）。这是可选步骤。

3．将数据引入应用程序

通过对数据库执行查询或存储过程将数据引入应用程序。这是必需步骤。

4．显示数据

在将数据引入应用程序后，可以将它显示在窗体上以供用户查看或修改。这是可选步骤。

5．在应用程序中编辑数据

获取数据后，用户可能会通过添加新记录、编辑和删除记录等操作修改数据，然后将数据发回数据库。这是可选步骤。

6．验证数据

更改数据时，一般需要先检验所做的更改，然后决定是否允许在数据集中接受更改后的值，以及是否将更改后的值写入数据库。检验这些新值是否符合应用程序要求的过程称为验证。可以在值发生更改时在应用程序中检查这些值。

7. 保存数据

在应用程序中对数据进行验证并更改后，通常要将所做更改发回数据库并保存。

12.2 数据库的标准查询语言——SQL

结构化查询语言（structured query language，SQL）是一种所有关系型数据库都支持的统一的数据库语言。在 Java 中对数据库进行操作是通过 SQL 来实现的。

SQL 是一种介于关系代数和关系演算之间的结构化查询语言，其功能不仅仅是查询，它集数据查询、数据操纵、数据定义和数据控制功能于一体。与 C、Pascal、Java 等高级语言不同，SQL 是非过程化语言，用户只需知道做什么，怎么做则由 SQL 完成。另外，SQL 既是自含式语言，又是嵌入式语言；既可以在终端键盘上直接输入 SQL 命令对数据库进行操作，又可以把 SQL 语句嵌入高级语言（如 C、COBOL、FORTRAN、PL/1）程序中使用。

SQL 功能极强，由于设计巧妙，语言十分简洁，完成核心功能只用了 9 个动词，如表 12-3 所示。SQL 接近英语口语，因此容易学习，容易使用。

表 12-3 SQL 的动词

SQL 功能	动词
数据查询	SELECT
数据定义	CREATE、DROP、ALTER
数据操纵	INSERT、UPDATE、DELETE
数据控制	GRANT、REVOKE

关于这些动词的用法，感兴趣的读者可自行查看有关资料。

12.3 JDBC 简介

Java 访问数据库是通过 JDBC 实现的。所以，有必要先学习有关 JDBC 的基本概念。

12.3.1 JDBC 的概念

在 Java 程序中，连接数据库采用 JDBC（Java database connectivity）技术。JDBC 是由 Sun 公司提供的与平台无关的数据库连接标准，它将数据库访问封装在少数几个方法内，使用户可以极其方便地查询数据库、插入新的数据、更改数据。JDBC 是一种规范，目前各大数据库厂商基本提供 JDBC 驱动程序，使得 Java 程序能独立运行于各种数据库之上。

一个 Java 程序要访问数据库，需通过以下几步来完成：第一，打开数据库连接；第二，建立语句对象；第三，通过该语句对象将 SQL 语句传送给数据库，进行数据库操作；第四，获取结果及有关结果集的信息。

12.3.2 JDBC 驱动程序

什么是驱动程序？可以这样理解，我们编写了操作数据库的Java应用程序，这个程序并不是直接与数据库发生关系的，它要通过一个中介，至于它怎么与中介发生关系，由JDBC驱动程序管理器进行协调，这个中介就是各种数据库的驱动程序。所以确切地说，JDBC包含两层，上面一层是JDBC API，这个API和下层的JDBC驱动程序管理器API通信，向它发送不同的SQL语句。这个管理器和各种不同的第三方驱动程序通信，由它们负责连接数据库，返回查询信息或执行查询语句指定的动作。

目前比较常见的JDBC驱动程序有以下4类。

1．JDBC-ODBC 桥接驱动程序

Sun公司在Java 2中免费提供JDBC-ODBC桥接驱动程序，供存取标准的ODBC数据源，如用来存取Microsoft Access数据库、Visual FoxPro数据库等。然而，Sun公司建议除了开发规模很小的应用程序外，一般不要使用这种驱动程序，尤其对于服务器端的Servlet程序，因为JDBC-ODBC桥接驱动程序中的任何错误都可能让服务器死机。

2．本地API结合Java驱动程序

这类驱动程序将JDBC的调用转换成个别数据库系统的原生码调用，由于使用原生码，任何错误都可能使服务器死机。

3．网络协议搭配完整的Java驱动程序

这类驱动程序将JDBC调用转换成个别数据库系统的独立网络协议，再转换成个别数据库系统的原生码调用。这类驱动程序最具弹性，最适合Applet程序的开发，不过要考虑安全性及防火墙等额外负担。

4．本地协议搭配完整的Java驱动程序

这类驱动程序全由Java写成，利用随数据库而异的原生协议直接与数据库沟通，不用通过中介软件。它属于专用的驱动程序，由厂商直接提供。

第3类和第4类驱动程序较理想，第1类和第2类驱动程序是在无法获得第3类和第4类驱动程序的情况下的一种暂时解决方式。

12.3.3 安装 JDBC 包和获取 JDBC 驱动程序

JDBC的类都被归到java.sql包中，在安装Java JDK 1.1或更高版本时会自动安装。一些数据库厂商已提供了JDBC驱动程序，安装以后就可以进行连接了。有些常用的数据库（如SQL Server和Access等）并没有提供JDBC驱动程序，但是它们带有ODBC驱动程序，所以可以通过第一类驱动程序（JDBC-ODBC桥接驱动程序）来连接数据库。JDBC-ODBC桥接驱动程序也无须单独安装，JDK 1.1版本以上已经包含了该驱动程序。但对于JDK 1.1以下的版本，需要到网上下载并安装JDBC-ODBC桥接驱动程序。

12.3.4 常用的 JDBC API 类

下面对常用的 JDBC API 类或接口做一简单介绍，然后给出一个 JDBC 所支持的实例。

1．JDBC API 的基本类或接口

1）java.sql.DriverManager：用于处理驱动程序的调入。

2）java.sql.Connection：用于与特定数据库建立连接。

3）java.sql.Statement：用于 SQL 语句的执行，包括查询语句、更新语句、创建数据库语句等。

4）java.sql.ResultSet：用于保存查询所得的结果。

5）java.sql.SQLException：用于处理 JDBC 方法抛出的异常。

2．JDBC 所支持的实例

简单地说，JDBC 可做 3 件事：与数据库建立连接、发送 SQL 语句并处理结果。下列代码段给出了以上 3 步的基本示例。

```
//第一步：与数据库建立连接，需要首先加载驱动程序
Class.forName("sun.jdbc.odbc.JdbcOdbcDriver");
//调用驱动程序管理器的 getConnection 方法，连接 managemnet 数据库
Connection con=DriverManager.getConnection("jdbc: odbc: managemnet",
                                           "login", "password");
//第二步：上面已经建立连接。建立执行 SQL 语句的对象
Statement stmt=con.createStatement();
//对数据库执行 SQL 语句查询
ResultSet rs=stmt.executeQuery("SELECT * FROM student");
//第三步：对查询结果进行处理
while(rs.next())
{
   String id=rs.getString("id");
   String name=rs.getString("name");
   int age=rs.getInt("age");
}
```

上述代码对基于 JDBC 的数据库访问做了经典的总结。通过对以上示例进行分析可以看到，JDBC 有 4 个基础类。

1）DriverManager：管理 JDBC 驱动程序的加载，连接客户应用程序。

2）Connection：提供对指定数据库的连接。

3）Statement：提供执行 SQL 语句的环境。

4）ResultSet：用来访问 Statement 返回的数据。

12.4 数据库连接与操作实例

12.4.1 建立 MySQL 数据库

1. Navicat 简介

Navicat 是一套快速、可靠且价格低廉的数据库管理工具，专为简化数据库的管理及降低系统管理成本而设计。它的设计符合数据库管理员、开发人员及中小企业的需要。Navicat 是以直觉化的图形用户界面而构建的，可以让用户以安全且简单的方式创建、组织、访问并共用信息。

Navicat 提供多达 7 种语言供用户选择，被公认为全球最受欢迎的数据库前端用户界面工具。

它可以用来对本机或远程的 MySQL、SQL Server、SQLite、Oracle 及 PostgreSQL 数据库进行管理及开发。

Navicat 的功能足以符合专业开发人员的所有需求，而且对于数据库服务器的新手来说相当容易学习。Navicat 适用于 3 种平台，即 Microsoft Windows、Mac OS X 及 Linux。它可以让用户连接到任何本机或远程服务器，提供一些实用的数据库工具，如数据模型、数据传输、数据同步、结构同步、导入、导出、备份、还原、报表创建工具及计划以协助管理数据。本书所用数据库操作，需要读者先行安装该软件。

2. 建立 MySQL 数据库

1）打开 MySQL 数据库的操作界面 Navicat，建立连接 cn，并设置密码为 123456，如图 12-1 所示。

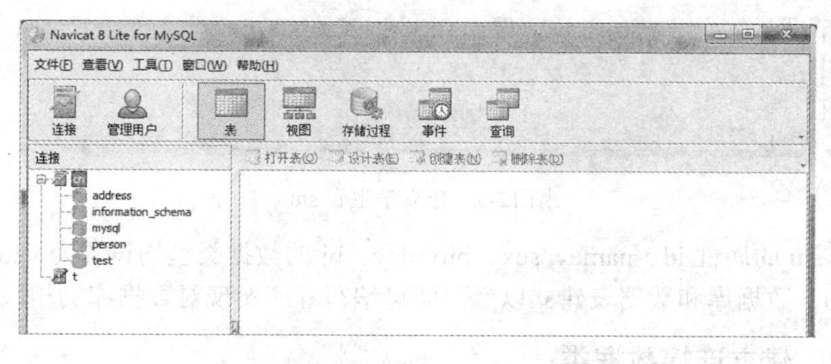

图 12-1 建立连接 cn

2）在图 12-1 所示操作界面中，建立数据库 student，打开数据库 student，可见数据库下面的列表，如图 12-2 所示。

3）在数据库中建立学生表 stu，如图 12-3 所示。

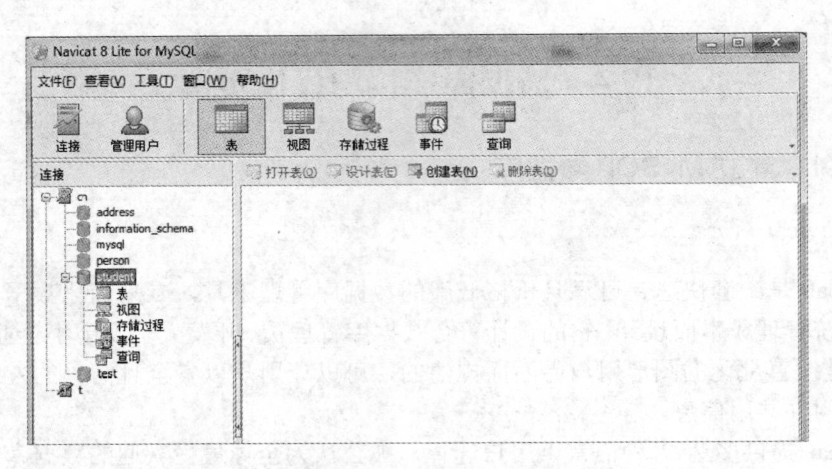

图 12-2　建立数据库 student

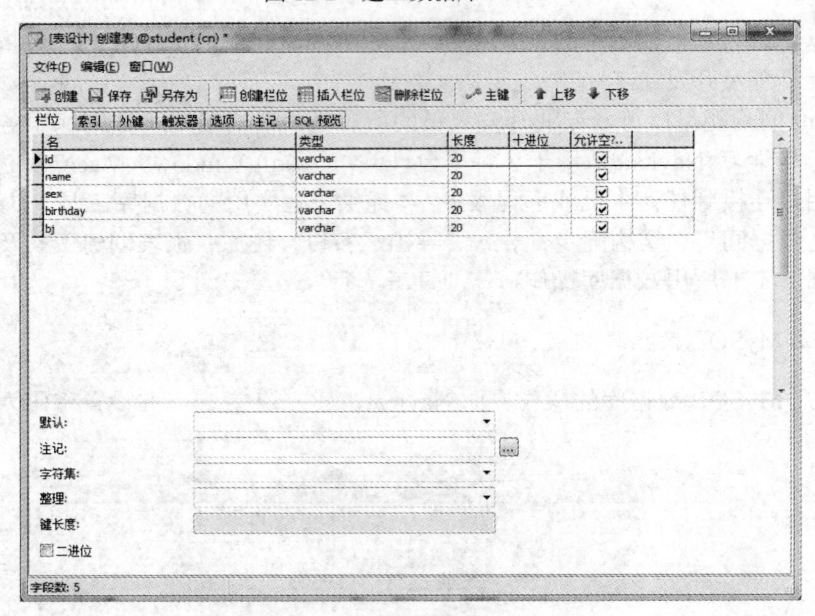

图 12-3　建立学生表 stu

学生表 stu 的属性 id、name、sex、birthday、bj 的数据类型均设置为 varchar，属性长度设为 20。数据库和数据表建立以后，即可编写程序实现对数据库的相应操作。

12.4.2　建立连接数据类

【例 12-1】建立数据连接（主要使用 Driver 接口、Connection 接口和 DriverManager 类）。

微课：数据库的连接

首先建立 Java 项目，并将第三方的 JAR 包 mysql-connector-java-5.1.26-bin.jar 导入项目。

类 Conn.java 代码如下：

```
import java.sql.Connection;
import java.sql.DriverManager;
import java.sql.SQLException;
public class Conn{
  Connection con=null;
  public Connection getConn(){
    try {
      String driver="com.mysql.jdbc.Driver";
      String url="jdbc:mysql://127.0.0.1:3306/student";
      String user="root";
      String password="123456";
      Class.forName(driver);
      con=DriverManager.getConnection(url,user,password);
    } catch (Exception e){
      e.printStackTrace();
    }
    return con;
  }
  public void closeConn(Connection cc){ //该方法判断数据库是否关闭
    //若未关闭，则关闭数据库
    if(cc!=null){
      try{
        if(!cc.isClosed()){
          cc.close();
        }
      } catch(SQLException e){
        e.printStackTrace();
      }
    }
  }
  public String testConn(){                //测试数据库是否连接成功
    if(con==null){
      return "error";
    }else{
      return "success";
    }
  }
}
```

测试类Test.java（主要用于测试连接数据库是否成功）代码如下：

```
public class Test{
  public static void main(String args[]){
```

```
        Conn cc=new Conn();
        cc.getConn();
        System.out.println(cc.testConn());
    }
}
```

说明：

1）Conn 类主要有 3 个方法：方法 getConn()是一个有返回值的方法，当连接成功时，返回连接变量，当连接不成功时，返回 null; 方法 closeConn()用于关闭连接; 方法 testConn()也是一个有返回值的方法，用于测试连接是否成功。

2）Conn 类没有主方法，可由其他类调用本类实现与数据库的连接。

12.4.3 数据操作

和数据库建立连接的目的是让应用程序能够和数据库进行交互。首先使用连接对象中的 createStatement()方法创建一个 Statement 对象，然后就可以通过 Statement 对象向数据库发送各种 SQL 语句了。

Statement 类型的对象中提供了以下几种执行 SQL 语句的方法。

1）executeUpdate()方法：用来执行那些会修改数据库的 SQL 语句，如 insert、update、delete 及 create 等命令。

2）executeQuery()方法：如果对数据库进行查询操作，那么使用 executeQuery()方法将返回一个 ResultSet 类型的结果集对象，该对象包含了所有查询结果。

3）executeBatch()方法：用来批量执行 SQL 语句。需要注意的是，这些批量执行的 SQL 语句是更新类型（如 insert、update、delete 及 create 等）的，即会对数据库进行修改操作的 SQL 语句，并且其中不能包含查询类型（select）的 SQL 语句。

下面一段代码演示了如何使用 executeBatch()的方法：

```
Statement stmt =con.createStatement();
stmt.addBatch(updateSql_1);
stmt.addBatch(updateSql_2);
stmt.addBatch(updateSql_3);
int[ ] results=stmt.executeBatch();
```

在上面的代码段中，stmt 对象中添加了 3 条更新类型的 SQL 语句。调用 executeBatch()方法后，这 3 条 SQL 语句将批量执行。该方法返回一个整型数组，其中依次存放了每条 SQL 语句对数据库产生影响的行数。

Statement 接口可以将 SQL 命令传递给数据库，并返回数据库执行 SQL 命令的结果。使用 PreparedStatement 语句时，可使用占位符来表示 SQL 命令中的可变部分以提高程序执行效率。

12.4.4 预处理语句

当向数据库发送一个SQL语句（如select * from txl）时，数据库中的SQL解释器负责把SQL语句生成底层的内部命令，然后执行该命令，完成有关的数据操作。如果不断向数据库提交SQL语句，则必定会增加数据库中的SQL解释器的负担，影响程序执行的速度。如果应用程序能针对连接的数据库，事先将SQL语句解释为数据库底层的内部命令，然后直接让数据库去执行这个命令，显然不仅减轻了数据库的负担，而且提高了访问数据库的速度。

假设想从建立的数据库中查询符合条件的一条记录：

```
select 姓名,性别,年龄,电话号码 from txl where 姓名=需要用户输入的信息
```

在这个SQL语句中，只有需要用户输入的信息是可变的，其他信息基本不变，所以可以考虑把前面的信息先输入数据库，用户操作时只要输入想查询的人名就可以了。

在JDBC中实现预处理使用“?”来替代未知条件，上面的SQL语句可以修改为

```
select 姓名,性别,年龄,电话号码 from txl where 姓名=?
```

需要注意的是，预处理查询与正常查询不同，预处理查询是通过PreparedStatement接口实现的，它是Statement接口的一个子接口，它是通过连接来进行的，代码如下：

```
PreparedStatement pre=con.PreparedStatement(String sql);
```

按正常查询，接下来就可以进行查询了，但是对于预处理来说这是不可以的，因为在实现真正的查询之前，要把问号处补充完整。

```
Pre.setString(1,"张三");
```

将这条SQL语句补充完整是这样的：

```
String sql="select 姓名,性别,年龄,电话号码 from txl where 姓名=?";
PreparedStatement pre=con.PreparedStatement(String sql);
Pre.setString(1,"张三");
ResultSet rs=pre.executeQuery();
```

这样就实现了查询功能，如果想查询姓名为“李四”的记录，只需将代码中的“张三”改为“李四”就可以了，不必再重新输入整条SQL语句。

以上只是有一个未知条件的情况，对于多个未知条件，该怎么处理呢？只要在未知条件的位置放入相应的“?”即可。

例如，想根据一个人的姓名和性别来查询记录：

```
select 姓名,性别,年龄,电话号码 from txl where 姓名=? and 性别=?
```

注意：在预处理语句中是根据问号的序列来设置问号的。

例如：

```
Pre.setString(1,"张三");
```

```
Pre.setString(2,"女");
```

这里的setString是由实际对应的数据类型决定的。从本质上讲，这种查询方式只有在构建比较大型的数据库或数据量比较大时才会体现出优势。具体采用何种查询方式，用户可根据自己的需要进行选择。

微课：数据库的增删改查操作

【例 12-2】实现 StuM.java 类，该类包括 3 个方法，分别用来实现对学生表（stu）的添加、修改、删除操作。

```
import java.sql.Connection;
import java.sql.PreparedStatement;
public class StuM{
  public void addStu(String id,String name,String sex,String birthday,
                        String bj){
     Connection con=null;
     Conn cc=new Conn();
     try{
        con=cc.getConn();
        PreparedStatement ps=con.prepareStatement("insert
                                     into stu values(?,?,?,?,?)");
        ps.setString(1,id);
        ps.setString(2,name);
        ps.setString(3,sex);
        ps.setString(4,birthday);
        ps.setString(5,bj);
        ps.executeUpdate();
        ps.close();
     } catch(Exception e){
        System.out.println("添加错误！");
     } finally{
        cc.closeConn(con);
     }
  }
  //删除记录
  public void delStu(String id){
     Conn cc=new Conn();
     Connection con=null;
     try{
        con=cc.getConn();
        PreparedStatement ps=con.prepareStatement("delete
                              from stu where id=?");
        ps.setString(1,id);
        ps.executeUpdate();
        ps.close();
```

```
        } catch(Exception e){
            System.out.println("错误！");
        } finally{
            cc.closeConn(con);
        }
    }
    //修改记录
    public void updateStu(String id,String name,String sex,String birthday,
                          String bj){
        Connection con=null;
        Conn cc=new Conn();
        try{
            con=cc.getConn();
            PreparedStatement ps=con.prepareStatement("update stu set
                                 name=?,sex=?, birthday=?,bj=? where id=?");
            ps.setString(1,name);
            ps.setString(2,sex);
            ps.setString(3,birthday);
            ps.setString(4,bj);
            ps.setString(5,id);
            ps.executeUpdate();
            ps.close();
        } catch(Exception e){
            System.out.println("错误！");
        } finally{
            cc.closeConn(con);
        }
    }
}
```

在测试类中依次对上述类中的方法进行检测，在数据库中可以看到，方法运行没有问题。

12.4.5 数据查询

有了 SQL 对象后，这个对象就可以调用相应的方法实现对数据库的查询和修改。查询结果存放在一个 ResultSet 类声明的对象中，也就是说 SQL 语句对数据库的查询操作将返回一个 ResultSet 对象。

```
ResultSet rs=stmt.executeQuery("select * from txl");
```

ResultSet 对象实际上是一个管式数据集，即它由统一形式的列组织的数据行组成。

要访问记录集中的一条记录，需要定位到该记录。ResultSet 类型的对象提供了 next() 方法，用于依次定位结果集中的每条记录。ResultSet 类型的对象中有一个游标，用于指向当前记录。初始时，该游标指向第一条记录之前。首次使用 next()方法后，游标指向第一条记录。循环使用 next()方法将依次遍历记录集中的每条记录。

ResultSet 类型的对象还提供了 getXxx()方法，用于访问当前记录中字段的值。依据字段的 SQL 数据类型的不同，getXxx()方法采用不同的形式，例如，getString()用于访问 varchar 型的数据，而 getFloat()用于访问 float 型的字段。使用 getXxx()方法必须在方法参数中指明所访问字段的列索引或是列名。

例如，要取得当前记录的姓名：

```
String name=rs.getString(2);
```

或

```
String name=rs.getString("姓名");
```

注意：与数组下标索引不同，列索引是从 1 开始的。尽管访问不同 SQL 数据类型推荐使用其相应的 getXxx()方法，在有些时候，getString()方法也可以访问类型不匹配的 SQL 数据类型，但不推荐使用这种方式。

【例 12-3】实现 MyTest 类，显示表 stu 中的所有记录。

```
import java.sql.Connection;
import java.sql.ResultSet;
import java.sql.Statement;
public class MyTest{
  public static void main(String[] args){
    Connection con=null;
    Conn cc=new Conn();
    Statement stm=null;
    try{
      con=cc.getConn();
      stm=con.createStatement(ResultSet.TYPE_SCROLL_SENSITIVE,
                                  ResultSet.CONCUR_READ_ONLY);
      ResultSet rst=stm.executeQuery("select * from stu");
      while(rst.next()){
        System.out.println(rst.getString(1)+" "+rst.getString(2)+" "+
                  rst.getString(3)+" "+rst.getString(4)+" "+
                  rst.getString(5));
      }
    } catch(Exception e){
      System.out.println("错误！");
    } finall{
      cc.closeConn(con);
    }
  }
}
```

ResultSet 接口的 getString()、getInt()等方法可以获取记录信息。注意，字段索引从 1 开始。

本类查询的是 stu 表中的全部记录，也可以查询满足条件的指定记录，可以通过修改 Result 接口的初始化语句的 SQL 语句实现，如本例中的初始化语句为 ResultSet rst=stm.executeQuery("select * from stu");，将 SQL 语句改为 select * from stu where id="'"+idstr+"'"（其中 id 为字段名，idstr 为指定条件的变量），这样查询出来的记录是编号变量 idstr 的内容。

本 章 小 结

本章首先介绍了数据库的基本知识，简述了数据库访问的一般流程，然后详细介绍了 Java 中连接数据库和操作数据库的方法和步骤，讲解了数据源驱动程序的加载方法，以及程序中连接数据库、插入记录、删除记录、修改记录等知识，最后介绍了程序中经常使用的预处理语句。

习题 12

一、简答题

1．解释下列名词：数据库、关系型数据库、记录、SQL、JDBC。

2．简述 JDBC 的功能和特点。

3．简述使用 JDBC 完成数据库操作的基本步骤。

二、程序设计题

1．编写一个建立数据库的程序，建立用户所在班级的表结构。

2．编写一个数据库操作程序，插入用户所在班级的所有同学的信息，并且能够实现对姓名的查询，对记录的修改、删除等操作。

习题 12 参考答案

第 13 章 课程实训——简易版网络聊天室

学习指南

通过对前面内容的学习，读者对 Java 的基础语法及一些高级应用技术有了初步的认识，因此，本章的目的就是通过一个具体的实训项目，让读者能够融会贯通部分章节的学习内容，认识到这些高级应用技术的使用背景。这对读者以后的进一步学习也会起到一定的启发作用，对理解后期封装技术有一定的帮助。

难点重点

独立编码实现该小型实训项目。

网络编程、用户界面编程、多线程、输入/输出等这些内容在软件项目开发中究竟会起到什么作用，这是很多初学者第一次接触这些知识后反复要问的问题，为了让读者对这些基础应用有一个初步的了解，本章将会设计一个简易的软件项目——网络聊天室。通过制作这个小型的软件项目，读者可以对这些 Java 基本应用在软件开发中的实际作用有一个初步的认识。该项目设计简易，比较适合 Java 初学者加深理解 Java 的一些基本技术点。

本项目模仿日常聊天工具，使用简单的界面，实现基本的数据传递，项目结构介绍如下：

1）服务器端：服务端启动处于监听状态，等待客户端的访问请求，等到有一个客户端申请通话的时候，服务器端自动弹出一个与该用户的通话界面进行通话。如有新的客户端请求通话，只要客户端有请求，则服务器端自动弹出新的与该用户通话的界面，因此，服务器端是可以和多个用户同时进行通话的。

2）客户端：客户端主动启动请求与服务器端通话，可以和服务器进行多次通话，直到和服务器端通话结束。

实训项目代码如下。

服务器端监听代码：

```
import java.awt.BorderLayout;
```

```
import java.awt.event.ActionEvent;
import java.awt.event.ActionListener;
import java.io.IOException;
import java.io.InputStream;
import java.io.OutputStream;
import java.net.ServerSocket;
import java.net.Socket;
import javax.swing.JFrame;
import javax.swing.JTextArea;
import javax.swing.JTextField;
import javax.swing.JButton;
import java.util.List;
import java.util.LinkedList;
public class ServerList
{
  public static void main(String[] args)throws Exception
  {
    ServerSocket ss=new ServerSocket(123,5);
    final List<Socket> list=new LinkedList<Socket>();
    while(true)
    {
      final  Socket socket=ss.accept();//有来访客户端，产生交互的Socket
      synchronized(list)
      {
        list.add(list.size(), socket);//将该来访客户端产生的Socket加入集合
        list.notifyAll();
      }
      synchronized (list)
      {
        while(list.isEmpty())
        {
          try{
            list.wait();            //集合为空，线程等待
          } catch(InterruptedException e){
            e.printStackTrace();
          }
        }
      }
      new Thread()
      {
        public void run()
        {
```

```
                    //服务器端线程启动，和来访客户端交互，并将该客户端的对应的
                    //服务器端 Socket 从集合中移除
                    new Server((Socket)list.remove(0));
                }
            }.start();
        }
    }
}
```

服务器端代码:

```
import java.awt.BorderLayout;
import java.awt.event.ActionEvent;
import java.awt.event.ActionListener;
import java.io.IOException;
import java.io.InputStream;
import java.io.OutputStream;
import java.net.ServerSocket;
import java.net.Socket;
import javax.swing.JFrame;
import javax.swing.JTextArea;
import javax.swing.JTextField;
public class Server
{
    public InputStream ins=null;
    public OutputStream ops=null;
    public ServerSocket ss=null;
    public JTextField tField=null;
    public JTextArea tArea=null;
    public Socket st=null;
    public Server(Socket st)
    {
        this.st=st;
        try{
            ins=st.getInputStream();
            ops=st.getOutputStream();
        } catch(IOException e){
            e.printStackTrace();
        }
        jM(st);
        while (true)
        //不断读取客户端发送过来的信息，并将信息显示到服务器端对应的界面中
        {
```

```
        byte[] b=new byte[100];
        int len =0;
        try{
            len=ins.read(b);
        }catch(IOException e){
            e.printStackTrace();
        }
        String s=new String(b,0,len);
        tArea.append(s+"\n");
        if(s.equals("拜拜"))   break;
    }
    System.exit(0);
  }
  public void jM(Socket st)       //服务器端产生和当前客户端交互的界面
  {
    JFrame jFrame=new JFrame("对端口"+st.getPort()+"服务器");
    tField=new JTextField(40);
    jFrame.add(tField,BorderLayout.NORTH);
    tArea=new JTextArea();
    jFrame.add(tArea);
    tField.addActionListener(new ActionListener()
    {
      public void actionPerformed(ActionEvent e)
      {
        try{
          ops.write(tField.getText().getBytes());
          //将服务器的信息发送给客户端
          tField.setText("");
        }catch(Exception e1)
        {
          e1.printStackTrace();
        }
      }
    });
    jFrame.setSize(400, 200);
    jFrame.setLocation(200, 200);
    jFrame.setVisible(true);
  }
}
```

客户端代码:

```
import java.awt.BorderLayout;
```

```
import java.awt.event.ActionEvent;
import java.awt.event.ActionListener;
import java.io.IOException;
import java.io.InputStream;
import java.io.OutputStream;
import java.net.Socket;
import javax.swing.JFrame;
import javax.swing.JTextArea;
import javax.swing.JTextField;
public class Client
{
  public static InputStream ins=null;
  public static OutputStream ops=null;
  public static JTextField tField=null;
  public static JTextArea tArea=null;
  public static int i=0;
  public static void main(String[] args)
  {
    jM();
    connect();
    new ClientThread().run();
  }
  public static void jM()                    //客户端访问服务器界面
  {
    JFrame jFrame=new JFrame("客户端");
    tField=new JTextField(40);
    jFrame.add(tField, BorderLayout.NORTH);
    tArea=new JTextArea();
    jFrame.add(tArea);
    tField.addActionListener(new ActionListener()
    {
      public void actionPerformed(ActionEvent e)
      {
        try{
          send(tField.getText());
          tField.setText("");
        }catch(Exception e1){
          e1.printStackTrace();
        }
      }
    });
    jFrame.setSize(400,200);
```

```
        jFrame.setLocation(200,200);
        jFrame.setVisible(true);
    }
    public static void send(String s)//发送给服务器端的客户端信息由此方法完成
    {
        try{
            ops.write(s.getBytes());
        }catch(IOException e)
        {
            e.printStackTrace();
        }
    }
    public static void connect()  //请求连接服务器端处于监听状态的123端口
    {
        try{
            Socket socket=new Socket("127.0.0.1",123);
            ins=socket.getInputStream();
            ops=socket.getOutputStream();
        }catch(IOException e){
            e.printStackTrace();
        }
    }
    static class ClientThread
    //启动线程完成服务器回传的信息，并将信息显示到客户端界面中
    {
        public void run()
        {
            while (true)
            {
                byte[] b=new byte[100];
                int len=0;
                try{
                    len=ins.read(b);
                }catch(IOException e){
                    e.printStackTrace();
                }
                String s=new String(b,0,len);
                tArea.append(s+"\n");
                if(s.equals("拜拜")) break;
            }
            System.exit(0);
        }
    }
}
```

首先启动运行 ServerList，使服务器处于监听状态。然后运行客户端，服务器接受通话请求，出现图 13-1 所示界面。

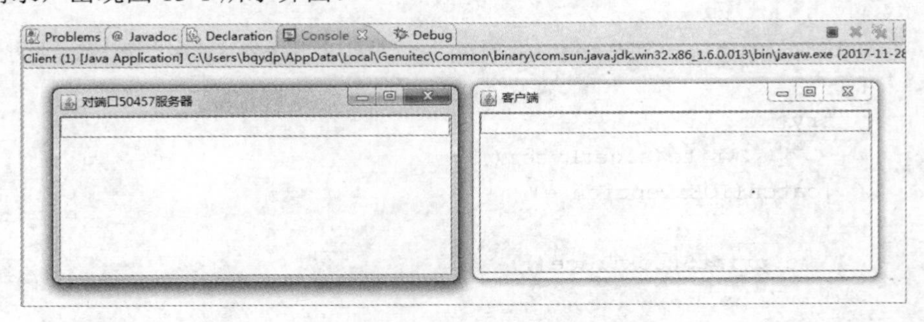

图 13-1　一个客户端来访

因为服务器可以同时与多个客户端进行通话，因此，这时可以再次启动客户端，则服务器出现第二个界面（见图 13-2)，服务器可以和第二个客户端进行通话。

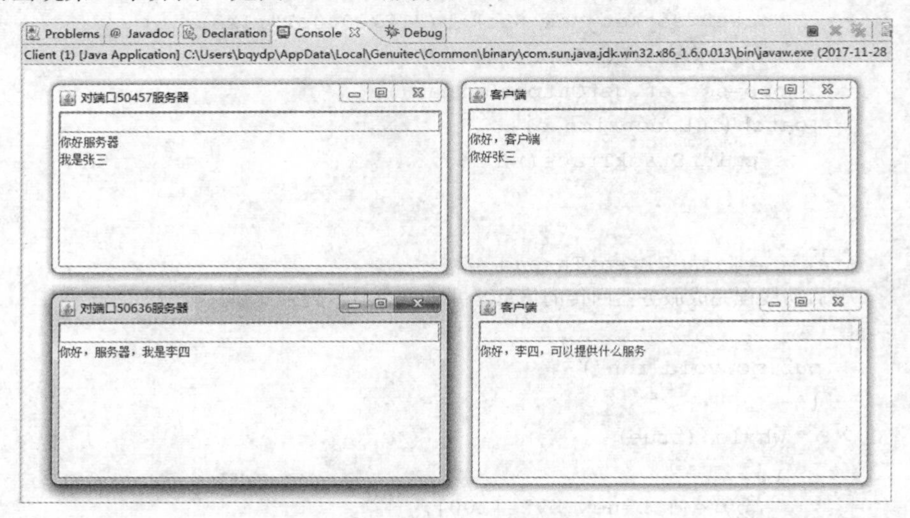

图 13-2　两个客户端同时来访

服务器和 50457 端口的客户端进行通话的同时，服务器端新界面也在和 50636 端口的客户端进行通话。

本 章 小 结

本章通过这个小型的课程实训项目，实现了 Java 部分高级内容的融合，加深了读者对基础知识的认识。

参 考 文 献

陈国君，2018．Java 程序设计基础（第 5 版）实验指导与习题解答[M]．北京：清华大学出版社．

传智播客高教产品研发部，2014．Java 基础入门[M]．北京：清华大学出版社．

郭庚麒，周江，2011．Java 程序设计项目教程[M]．北京：中国铁道出版社．

李纪云，2009．Java 程序设计教程[M]．西安：西北大学出版社．

李芝兴，2006．Java 程序设计之网络编程[M]．北京：中国铁道出版社．

沈大林，张伦，2017．Java 程序设计案例教程[M]．2 版．北京：中国铁道出版社．

沈泽刚，秦玉平，2014．Java 语言程序设计[M]．北京：清华大学出版社．

朱庆生，古平，2016．Java 程序设计[M]．2 版．北京：清华大学出版社．

DEITEL H M, DEITEL P J, SANTRY S E，2003．高级 Java 2 大学教程[M]．钱方，梅皓，周璐，等译．北京：电子工业出版社．